—— 八闽茶韵 ——

# 正山小种

福建省人民政府新闻办公室 编

编 著：王 芳

海峡出版发行集团 | 福建科学技术出版社
THE STRAITS PUBLISHING & DISTRIBUTING GROUP | FUJIAN SCIENCE & TECHNOLOGY PUBLISHING HOUSE

**图书在版编目（CIP）数据**

正山小种 / 福建省人民政府新闻办公室编；王芳编著. — 福州：福建科学技术出版社，2019.6
（“八闽茶韵”丛书）
ISBN 978-7-5335-5658-7

Ⅰ. ①正… Ⅱ. ①福… ②王… Ⅲ. ①红茶－介绍－中国 Ⅳ. ①TS272.5

中国版本图书馆CIP数据核字（2018）第183640号

**书　　名**　**正山小种**
“八闽茶韵”丛书
**编　　者**　福建省人民政府新闻办公室
**编　　著**　王　芳
**出版发行**　福建科学技术出版社
**社　　址**　福州市东水路76号（邮编350001）
**网　　址**　www.fjstp.com
**经　　销**　福建新华发行（集团）有限责任公司
**印　　刷**　福建彩色印刷有限公司
**开　　本**　700毫米×1000毫米　1/16
**印　　张**　9
**图　　文**　144码
**版　　次**　2019年6月第1版
**印　　次**　2019年6月第1次印刷
**书　　号**　ISBN 978-7-5335-5658-7
**定　　价**　48.00元

# 序　言

梁建勇

“八闽茶韵”丛书即将出版发行。以茶文化为媒，传承优秀传统文化，促进对外交流，很有意义。

福建是中国茶叶的重要发祥地和主产区之一。好山好水出好茶，八闽山水钟灵毓秀，孕育了独树一帜福建佳茗。早在1600年前，福建就有了产茶的文字记载。北宋时，福建的北苑贡茶名冠天下，斗茶之风风靡全国，催生了蔡襄的《茶录》等多部茶学名作，王安石、苏辙、陆游、李清照、朱熹等诗词名家在品鉴闽茶之后，留下了诸多不朽名篇。元朝时，武夷山九曲溪畔的皇家御茶园盛极一时，遗址至今犹在。明清时，福建人民首创乌龙茶、红茶、白茶、茉莉花茶，丰富了茶叶品类。千百年来，福建的茶人、茶叶、茶艺、茶风、茶具、茶俗，积淀了深厚的茶文化底蕴，在中国乃至世界茶叶发展史上都具有重要的历史地位和文化价值。

茶叶是文化的重要载体，也是联结中外、沟通世界的桥梁。自宋元以来，福建茶叶就从这里出发，沿着古代丝绸之路、“万里茶道”等，远销亚欧，走向世界，成为与丝绸、瓷器齐名的“中国符号”，成为传播中国文化、促进中外交流的重要使者。

当前，福建正在更高起点上推动新时代改革开放再出发，“八闽茶韵”丛书的出版正当其时。丛书共12册，涵盖了福建茶叶的主要品类，引用了丰富的历史资料，展示了闽茶的制作技艺、品鉴要领、典故传说和历史文化，记载了闽茶走向世界、沟通中外的千年佳话。希望这套丛书的出版，能让海内外更多朋友感受到闽茶文化韵传千载的独特魅力，也期待能有更多展示福建优秀传统文化的精品佳作问世，更好地讲述中国故事、福建故事，助推海上丝绸之路核心区和“一带一路”建设。

2019年2月

# 目 录

# 一

# 世界红茶鼻祖的前世今生

## （一）带松香味的“次品茶”

武夷茶自古有名，其声名在宋元时达到顶峰，宋代大文豪苏轼、范仲淹等都喜饮武夷茶，元代时天游峰脚下建有御茶园。但武夷茶在明代开始没落，明朝开国皇帝朱元璋下令罢造团茶改贡芽茶，一时间，武夷山最引以为傲的团饼茶制作技术无用武之地了，而其制作散茶的技术非常落后，茶叶品质低劣。武夷山的茶叶生产从此走向衰落。武夷山著名僧人释超全（1627—1712）在《武夷茶歌》中写道：“景泰年间茶久荒，嗣后岩茶亦渐生。”周亮工（1612—1672）在《闽小记》中载：“明嘉靖三十六年，建宁太守钱嵘因本山茶枯，遂罢茶场。”这两段记载说明，至明代中期武夷山茶产业已衰败。这种形势到万历年间（1573—1619）才得到改善。徐渤《茶考》载：“嘉靖中，郡守钱嵘奏免解茶……然山中土气宜茶，环九曲之内，不下数百家，皆以种茶为业，岁所产数十万觔，水浮陆转，鬻之四方，而武夷之名，甲于海内矣。”该文表明至万历年间，武夷茶再度扬名海内。

邹新球在《武夷正山小种红茶》一书中推测了武夷茶再次得到发展的两个原因：一是建宁太守钱嵘上奏免贡芽茶，解除了茶农的沉重负担，推动了茶叶生产发展和茶叶制作技术改良；二是“崇安县令招黄山僧以松萝法制建茶”，制茶技术的进步促进了武夷茶的发展。松萝茶制法是当时最先进的炒青绿茶工艺，武夷茶人在学习松萝法后，茶叶品质大大改善，由此武夷茶声名鹊起。生产的扩大，产量的增加，导致加工的粗放，可能出现投叶量过多、温度或时间不足等问题，造成了茶叶的发酵，无意中为明末清初红茶和乌龙茶的问世埋下了伏笔。

在这种背景下，红茶的诞生是必然的，而红茶诞生于武夷山星

正山小种发源地（正山堂红茶博物馆供图）

村镇的桐木村又有其偶然性。

明末清初，某年的采茶季，一支军队路过桐木村休息。当地茶农见有军队来了，旋即扔下还未加工的茶青躲回家中。士兵们正好把茶厂当休息的地方了，在茶青上或躺或坐。待军队走后，茶农们发现茶青已变红，心急如焚。但为了降低损失，他们仍旧把这些茶青制成成品茶，在最后干燥时直接用松木燃烧烘干。这样做出的茶色黑，并带有松烟香，与当时正常工艺做出的茶截然不同，被认为是没有做好的次品茶，故不受当地人喜欢。茶农只得把茶叶挑到星村镇茶市，贱卖给了一个闽南商人。没想到，第二年茶季开采前，那个闽南商人特意来到桐木村高价订购色黑有松烟香的茶，并持续多年。桐木村人由此受到鼓舞，潜心研究工艺，于是诞生了红茶。

偶然诞生的红茶，刚出现时由于色黑被称之为“乌茶”。后来因为汤色红亮且量少，被称之为小种红茶。18 世纪初，小种红茶受到葡萄牙、英国、荷兰等国民众的喜爱，被大量采购，桐木村所产茶供不应求，于是周边地区便开始仿制。仿制的茶与桐木当地的小种红茶在品质上是有差异的，于是就有了“正山”和“外山”之说。由此也可见，“正山小种”之名应出现在 18 世纪。

《中国茶经》称“产于福建省崇安县星村镇桐木关的称‘正山小种’”，“正山”表示“真正高山地区所产之意”。邹新球在《武夷正山小种红茶》中指出，正山所涵盖的地区是以庙湾和江墩为中心，北到江西铅山石陇，南到武夷山曹墩百叶坪，东到武夷山大安村，西到光泽司前、干坑，西南到邵武观音坑，方圆 600 平方公里。该区域大部分在现福建武夷山国家级自然保护区内。

桐木风光

## （二）精明的“中国海上马车夫”

星村镇是当时有名的茶叶集散中心，不少闽南茶商到星村镇采购武夷茶，然后将茶叶销往闽南等地和海外。庄国土在《鸦片战争前福建外销茶叶生产和营销对当地社会经济的影响》中写道：清初至清中期，活跃于茶区的商人多是素有“中国海上马车夫”之称的漳泉商人；闽南商人在远东贸易中长期居优势地位，西方人进入中国后首先遇到的也是闽南海商；闽南商人用商船把茶叶运抵印尼的巴达维亚，并与同在巴达维亚的海上霸主荷兰人进行贸易，再由荷

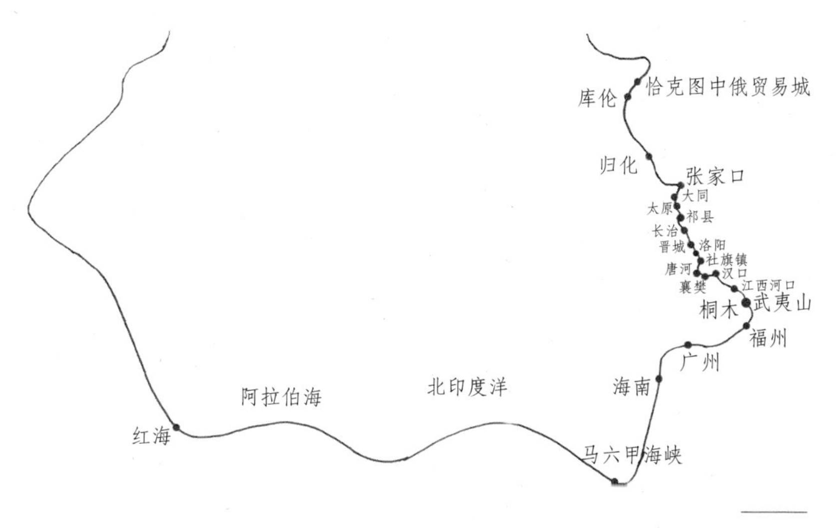


小种红茶最先到达欧洲的路线示意图

小贴士

### 海上丝绸之路

海上丝绸之路，是古代中国与世界其他地区进行经济文化交流的海上通道。丝绸、陶瓷和香料是这条通道上最重要的物品，故也称“海上陶瓷之路”和“海上香料之路”。海上丝绸之路最早形成于西汉，据《汉书·地理志》记载，其航线为：从徐闻（今广东徐闻县境内）、合浦（今广西合浦县境内）出发，经南海进入马来半岛、暹罗湾、孟加拉湾，到达印度半岛南部的黄支国和已程不国（今斯里兰卡）。明代后期海上丝绸之路航线已扩展至全球。郑和七下西洋，成功到达亚洲、非洲的39个国家和地区，标志着海上丝绸之路进入极盛时期。这对后来达·伽马开辟欧洲到印度的地方航线，以及麦哲伦的环球航行，都具有先导作用。

兰人把茶叶运到欧洲。这条路线就是海上丝绸之路。

邹新球推测，偶然中制出的小种红茶贱卖给闽南茶商后，由闽南行商运至厦门，再由专营厦门至海外贸易的漳泉商人运至巴达维亚，在此地将这批茶叶卖给荷兰商人。交易的成功促使闽南茶商第二年前往产地订购小种红茶，从而推动了正山小种的发展。

## （三）凯瑟琳公主的嫁妆

16 世纪时，航海技术领先的国家有葡萄牙、荷兰等。欧洲最先发展茶叶贸易的是葡萄牙和荷兰的商人，葡萄牙于 1557 年最早在中国澳门成立交易基地，货品主要是中国的香辛料和奇珍异宝，未涉足茶叶贸易。最先从中国进口茶叶，并使茶叶在欧洲流行的是荷兰人。据《中国茶经》记述，荷兰东印度公司的商船在 1610 年就把茶叶运至欧洲，茶叶受到很多国家的欢迎，从此中国的茶叶和茶器成为西方与中国贸易的主要物产。最先进入欧洲的茶应该是绿茶，闽南商人在红茶出现前就与荷兰人有茶叶贸易往来。角山荣的《茶的世界史》说：“18 世纪时，红茶的需求量日益增加，18 世纪初绿茶占了多半，而 30 年代以后，红茶的需求量猛增，超过了绿茶。”同样是来自神秘东方的茶叶，为什么红茶呈现了后来者居上的优势呢?

17、18 世纪时航海速度较慢，从中国出发到达欧洲大陆至少需要几个月的时间，再加上海上恶劣的气候，绿茶不易保存，品质容易发生变化，绿茶的鲜爽口感早已不复存在。而经过发酵的红茶品质稳定性高，不易发生变化，到达欧洲大陆时其香气和口感都比绿茶好，因而很快被欧洲人所接受。英国形成的饮茶之风，助力了红茶的发展。1657 年，伦敦的加威咖啡馆开始售卖茶叶。茶叶最初进入英国后，被宣传为可治百病的神药。海军士官塞缪尔·皮普斯（1633—1703）于 1660 年 9 月 25 日的日记中记录了他在咖啡馆首次喝茶的事情，而在 1667 年某日的日记中记录了他妻子按照医生的指示把茶当感冒药服用的事。1662 年葡萄牙公主凯瑟琳嫁给英国查理二世，在公主的嫁妆中就有中国茶叶。

凯瑟琳公主

为了对付共同的对手荷兰，英国和葡萄牙联盟，于是就有了查理二世和凯瑟琳公主的联姻。当时茶叶已经进入葡萄牙上流社会，从葡萄牙到英国路途遥远，凯瑟琳公主怕水土不服，就带上了包治百病的东方神药——中国茶叶。据说，英国最初要求大量金银做公主的嫁妆，可公主的船上金银不多，却有大量的砂糖和中国茶叶，这两样在当时的英国也是非常贵重的，所以查理二世也欣然接受了。中国茶不仅帮凯瑟琳公主适应了英国的水土，还慰藉了身在异国他乡远离家人的寂寥。慢慢地，品茗风尚在英国皇室流行起来。

皇室饮茶风尚带动了贵族们饮茶，茶文化在英国的流行速度加快，英国的茶叶需求量大增，红茶生产遂向武夷山周边扩展，以增加产量。后来，因为巨大的经济利益，英国人开始想方设法在其殖民地生产红茶。

小贴士

在查理二世和凯瑟琳公主的豪华婚宴上，凯瑟琳公主婉拒了宾客奉上的各种名酒，而是举起一杯红色的液体向全场致意。这个举动引起了法国皇后的好奇。为了弄清楚这杯红色的液体到底是什么，法国皇后派特工潜入英国皇宫，看到了凯瑟琳公主向查理二世介绍这种红色液体是由来自中国的茶叶冲泡出来的。知道答案后，这名特工还想盗取一些红茶带回去给法国皇后，却不幸被英国皇家侍卫抓获，并被判处死刑。

1663年，凯瑟琳公主嫁来英国后的第二年，著名诗人埃德蒙德·瓦勒写了《饮茶皇后之歌》给凯瑟琳皇后祝寿，诗文曰：

花神宠秋色，嫦娥矜月桂。
月桂与秋色，美难与茶比。
一为后中英，一为群芳最。
物阜称东土，携来感勇士。
助我清明思，湛然祛烦累。
欣逢后诞辰，祝寿介以此。

诗人高度赞誉了凯瑟琳皇后和中国的茶叶。诗人虽然没有指明是什么茶，但从时间上和凯瑟琳皇后的喜好上推测，“群芳最”就是指正山小种。《饮茶皇后之歌》不仅在皇宫内引起轰动，很快在社会上也广为流传。埃德蒙德·瓦勒也因此而名声鹊起，家喻户晓。至今英国还流传着一句俗语：正如在英国众所周知莎士比亚命名了火鸡，瓦勒是第一个提到茶叶的古典作家。

凯瑟琳皇后带动了英国上流人士的饮茶习惯，而真正让饮红茶在英国蔚然成风的是安妮女王（1665—1714）。从小生活在皇室的安妮公主自然也爱上了饮茶，1702年安妮女王即位后即提倡“以茶代酒”，将女性聚会变成茶会，正式将饮用红茶的习惯推广至整个英国，并推动了风靡全球的下午茶风尚。正山小种在英国人心中具有非常高的地位，英国老茶师诺顿说：“武夷山正山小种红茶是健康之饮，灵魂之液，快乐之碑，茶中皇后。”英国诗人柯勒律治曾感慨："为能喝到正山小种而感谢上帝！我有幸生在了有正山小种之世，没有红茶的世界简直匪夷所思。"

安妮女王

## （四）一片小树叶引发的战争

神秘的东方茶进入欧洲后引起了较大反响，荷兰人率先将茶运至欧洲各国，并垄断了茶叶贸易。随着英国对茶叶需求量的不断上升，茶叶贸易带来的利益越来越大，最终引发了多次英荷战争。取得最终胜利的英国垄断了美国的茶叶贸易，但由于抽取过重的茶叶税，引起当地人的愤怒，发生了波士顿倾茶事件，由此拉开了美国独立战争的序幕。英国人的茶叶都要从中国进口，他们用不可再生的白银换取中国取之不竭的茶叶，造成了巨大的贸易逆差。当大量白银流入中国时，英国人策划了鸦片的阴谋，由此引发了鸦片战争。一片小小的树叶竟然引发了这么多战争，真可谓“红颜祸水”。



### 英荷战争

17 世纪初，荷兰依靠先进的造船术，成为“海上马车夫”，将波罗的海沿岸地区的粮食运至地中海，将德意志的酒、法国的手工业品、西班牙的水果等运至北欧。从葡萄牙拿到东方的航海图后，荷兰的商船到达印度的爪哇、果阿等地。1602 年荷兰在印度成立东印度公司，1619 年在爪哇建立第一个殖民据点巴达维亚(今雅加达)。

邹新球在《武夷正山小种红茶》一书中就推测：第一批偶然制出的红茶被闽南商人几经辗转运到巴达维亚，卖给了荷兰人。随着英国对茶叶需求的上升及英国国力的增强，英国与荷兰的航海贸易竞争日渐加剧。

1651 年，英国通过航海法，规定凡是进入英国及其属地的货物必须由英国船或出产国船只运输，这使得两国的海上贸易竞争白热化，于 1652 年爆发了第一次英荷战争。此次战争历经两年，最后以英国获胜结束，这也因此打破了荷兰人对海上茶叶贸易的垄断。后来，英国制定了更严苛的航海法，并占领了荷兰的殖民地新阿姆斯特丹（今纽约）。

1665 年再度爆发英荷战争。这次战争荷兰获胜更多。当英荷两

英荷战争（油画）

国因战争互相伤害时，法国悄悄崛起。英国和荷兰于1667年和谈，英国修改航海法，让出部分商贸利益给荷兰。

但这只是迫于形势的做法，后来又于1672—1674年爆发了第三次英荷战争，战争以荷兰胜利告终。不甘心的英国又在1780—1784年发动第四次英荷战争，这次战争英国以绝对优势获胜，荷兰彻底失去了海上商贸的竞争力。

### 波士顿倾茶事件

1664年，英国打败荷兰，取得新阿姆斯特丹领土，命名为“纽约”，纽约成了英国的殖民地。英国人把喝茶的习惯带入美国，并垄断了美国的茶叶贸易。17世纪末，波士顿的商店开始售卖武夷茶。1765年，英国政府通过《印花税法案》，该法案规定凡殖民地所用茶叶及其他物品均需课税。1767年，《唐文森德》法案废除其他物品税时仍保留了很重的茶叶税。1773年，英国政府为救济东印度公司颁布了《茶叶法案》，给予东印度公司到北美殖民地销售茶叶的专利权，且让东印度公司免缴高额进口关税，同时明令禁止殖民地贩卖“私茶”。

这一系列政策严重损害了原先殖民地的茶叶分销商和走私者的利益，这些茶叶分销商和走私者通过报纸和小册子刻意渲染英国将抹杀北美商业利益的企图，引起了北美殖民地人民的极大愤怒。北美人开始抵制英国人运来的茶叶，一些著名城市如波士顿、纽约、费城等地人民团体纷纷组织抗茶会，最有名的要属塞缪尔·亚当斯和约翰·汉考克领导的波士顿茶党。1773年12月16日，在塞缪尔·亚当斯和约翰·汉考克的领导下，60名“自由之子”化装成印第安人上了茶船，将东印度公司3艘船上的342箱茶叶全部倾倒入海。

1773年12月23日的《马萨诸塞时报》描述道："涨潮时，水面上飘满了破碎的箱子和茶叶。自城市的南部一直延绵到多彻斯特湾，还有一部分被冲上岸。"

后来，美国在已经废弃的茶叶码头上专门立了一块碑，用来纪念这个重要的历史事件。独立后的美国也开始从中国进口茶叶。1784年，美国船只"皇后"号首航广州，回航时船上有3002担茶叶，价值66100两白银，占该船总货值的92%。

### 鸦片战争

18世纪20年代后，北欧的茶叶消费迅速增长，茶叶贸易成为英属东印度公司盈利最大的贸易。此时印度还没有开始生产茶叶，英国的茶叶绝大部分从中国进口。从下表中可知茶叶在中英贸易中的重要地位。英国每年都要用大量的白银来购买中国的茶叶，而英国的工业制品在中国市场上并不受欢迎。

茶叶占英国东印度公司从中国进口总货值的比例

| 年份 | 茶叶货值（万两） | 总货值（万两） | 占比（%） |
| --- | --- | --- | --- |
| 1722 | 11.9750 | 21.1850 | 56 |
| 1750 | 36.6231 | 50.7102 | 72 |
| 1780 | 112.5983 | 202.6043 | 55 |
| 1817 | 411.0924 | 441.1340 | 93 |
| 1822 | 584.6014 | 615.4652 | 95 |
| 1825 | 591.3462 | 591.3462 | 100 |
| 1833 | 552.1043 | 552.1043 | 100 |

白银是不可再生的，而茶树上的茶叶每年能发几个轮次，这种贸易往来给英国带来巨大的贸易逆差，大量白银因此流入中国。英国政府对此大为不满，于是针对中国策划了一个巨大的阴谋。为了平衡茶叶贸易造成的巨额贸易逆差，英国东印度公司的高级职员华生上校提出从英属孟加拉运送鸦片到中国的计划，东印度公司为此专门成立鸦片事务局，垄断印度鸦片生产并出口中国，东印度公司用印度鸦片在中国的销售收入来购买茶叶。

为了与英国人竞争及弥补对华贸易逆差，美国商人在看到英国对华输出鸦片带来巨大利润后，也毫不犹豫地对华输出鸦片。据悉，在 19 世纪的第一个 10 年，英国因为茶叶向中国出口 983 吨白银；而到 19 世纪 40 年代时，中国反而因为鸦片向英国出口 366 吨白银。大量鸦片进入中国，不仅让大量白银流出中国，还严重摧残了人民身心，破坏了社会生产力，清朝的有识之士激烈主张朝廷严禁鸦片。

抽鸦片的中国女人

1839 年，道光皇帝派湖广总督林则徐为钦差大臣到广州禁烟，林则徐到广州后采取了很多积极有力的禁烟措施，对英美等国的鸦片贸易给予严重的打压，不甘心的英国政府对华出兵，发动了鸦片战争。

林则徐画像

## （五）被英国窃取的红茶秘籍



1660年，英国的茶叶进口量还很少，只有226千克，自从凯瑟琳皇后刮起了饮茶之风后，运往伦敦的茶叶不断增多。1678年约有2吨茶叶被运至伦敦，1700年英国茶叶进口量9吨，1721年453吨，1790年达到7300吨。进口量的快速增加除了英国爱喝茶的人越来越多这一原因之外，还有一个重要原因：1669年以前，英国的茶叶是荷兰人从中国进口再出口到英国的。1669年，英国东印度公司获得茶叶专营权，加速了英国茶叶的进口，进入18世纪后英国的茶叶进口量增长极快。进口的茶叶除了在英国国内售卖，英国茶商还积极将茶叶销往欧洲各国及美洲殖民地，以获取暴利。

在此背景下，英国东印度公司在进口中国茶叶的同时，也积极地在其殖民地发展茶叶生产，最早便是在印度。他们派遣间谍到中国偷取茶树种子及茶苗，偷学红茶制作技术，然后在印度开发茶园进行生产。1832年英国派“阿美士德”号商船到福建沿海，企图到武夷山茶区探险。1834年和1835年派戈登两次到福建。1832年和1835年的举动都受到了清政府的阻拦而未成功，而1834年戈登顺利进入武夷山茶区，了解了茶叶的生产技术，还带回了茶树种子，但没有在印度培植成功。直到罗伯特·福琼把武夷山的茶种和制茶工人带去印度才开始了印度茶的大发展。至19世纪中后期，印度红茶开始打破中国红茶出口垄断，1900年印度成为了世界最大的茶叶出口国。如今，印度的大吉岭红茶和阿萨姆红茶在国际上享有盛名。

罗伯特·福琼

在山区，茶一般种在半山腰及以下（引自罗伯特·福琼《在茶叶的故乡——中国的旅游》）

1802 年，英国东印度公司正式将锡兰（即斯里兰卡）编入直属殖民地范围。19 世纪中叶之前，斯里兰卡以盛产咖啡闻名。1865—1867 年，咖啡锈蚀病摧毁了整个斯里兰卡的咖啡产业，最大咖啡种植园纳拉荷纳的园主从印度阿萨姆获得茶树苗，并把这些茶树苗种植在鲁拉孔德拉险峻的高山地带，至此正式拉开了斯里兰卡生产红茶的序幕。

1895 年，肯尼亚内陆被英国占领，1902 年成为英国名义下的保护国，1920 年沦为英国的直属殖民地。在此背景下，肯尼亚开始发展茶叶。1925 年，英国的殖民地公司在肯尼亚进行大规模的茶园开发，生产红茶。如今，已经摆脱英国殖民统治的印度、斯里兰卡和肯尼亚依然是红茶的主产国。

小贴士

## 茶叶间谍罗伯特·福琼

罗伯特·福琼是英国著名的园艺学家。在1839—1860年间受英国皇家园艺协会派遣，他4次来华调查及引种，其中1842年和1848年同时受英国东印度公司委派到中国的茶乡，1843年福琼在中国茶乡发现了一个有趣的事实：红茶和绿茶可以由同样的茶树上长出来，区别在于制茶工艺的不同。而在此之前，欧洲的植物学家们认为红茶是红茶茶树上长出来的，绿茶则是绿茶茶树上长出来的。他将这一发现发表在其1846年出版的《漫游中国记》里，但这一观点并没有得到广泛认同，在他1848年再次踏入中国茶乡时，他特地论证了这一观点。

第一次探访中国茶乡期间，福琼收集了包括茶在内的很多珍贵植物品种运回英国，他为此感到非常自豪和满足。1848—1849年在中国茶乡期间，福琼收集了武夷山、安徽和浙江等地的大量茶籽及幼苗，经精心打包，由上海运至香港，再从香港运至加尔各答。这批茶籽和幼苗于1850年夏天抵达加尔各答，再由法尔康内博士和詹姆森博士运到喜马拉雅。而福琼在香港将茶籽装好船后便离开香港北上，他还有一个重要任务——招募中国制茶工人。

1851年2月16日，福琼带着8个中国制茶工人从上海搭乘“皇后岛”号轮船前往香港。2月20日到达香港，再换乘“玛丽伍德夫人”号轮船前往印度，于3月15日到达加尔各答。这8个制茶工人最后被安排在印度包里（pauri）的一个农场里。印度的茶产业从此开始走向繁荣。

## （六）由桐木关燃起的“星星之火”

邹新球根据荷兰和英国的茶叶进口量推测，武夷山桐木村的红茶产量足以满足17世纪末海外的红茶需求量，故红茶产区的扩大应从18世纪开始，从正山范围扩大福建省各茶区，19世纪红茶的外销继续大幅上升，远远超出福建的红茶产出量，遂向外省扩展，安徽、湖南、湖北、江西、四川等省在清朝道光年间均已出现红茶。

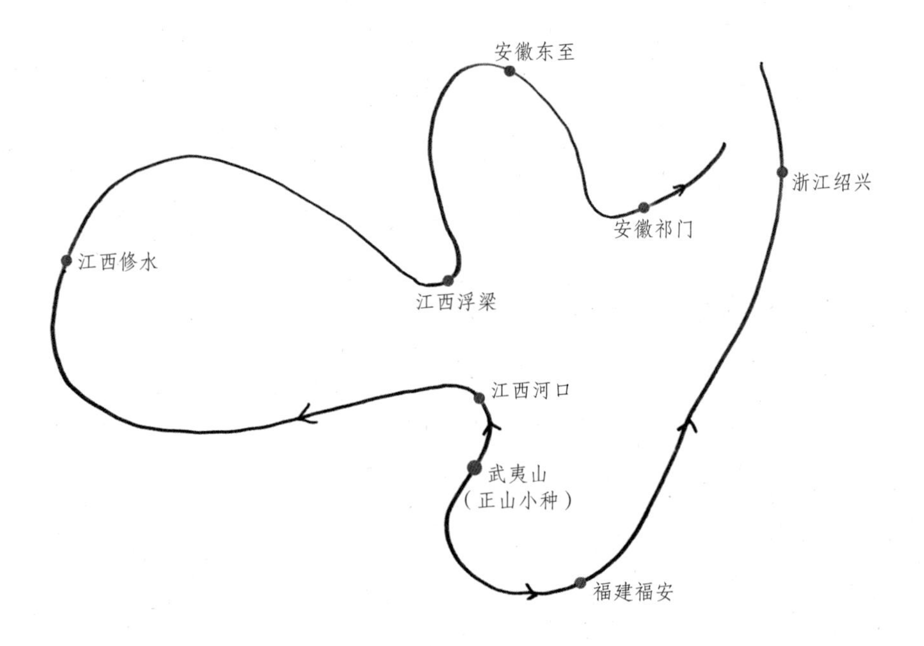


红茶国内传播路线示意图

正山小种红茶名称演变及其历史背景

| 时间 | 名称 | 来源 | 背景 |
| --- | --- | --- | --- |
| 1610 年前 | 乌茶（Wuda） | 桐木村方言 | 因干茶色黑而得名 |
| 1640 年前 | 小种红茶 | 萧一山《清代通史》 | 因此茶量少而在出口时得此名 |
| 1692 年前 | Bohea tea | 《大英百科全书》 | 英国开始流行武夷红茶 |
| 1732 年之后 | 正山小种 | 口耳相传 | 为与政和、坦洋、江西等地外山小种红茶区分而得名 |
| 1853 年后 | Lapsang souchong | 福州方言 | 正山小种从福州出口 |

当代茶圣吴觉农先生在《茶经述评》中写道：“至于福建红茶的向外传播，则可能是由崇安开始的，其传播的主要路线是先由崇安传到江西河口镇，再由江西河口镇传到修水，后又传到景德镇，后来又由景德镇传到安徽的东至，最后才传至祁门。”从红茶制作技术传播路线来看，国内各地红茶的制作技术皆源于武夷山。

红茶的制作技术虽然都源自武夷山，但各茶区的气候差异颇大，且各地所栽茶树品种不一，故形成了具有地方特色的红茶。品质较好、名气较大的红茶有祁红（主产于安徽祁门）、苏红（主产于江苏宜兴）、越红（主产于浙江绍兴）、闽红（包括产于福建政和的政和工夫、产于福建福鼎的白琳工夫、产于福建福安的坦洋工夫）、浮红（主产于江西浮梁）、宁红（主产于江西修水）、宜红（主产于湖北宜昌）、湖红（主产于湖南安化）、川红（主产于四川宜宾）、粤红（主产于广东英德）、滇红（主产于云南凤庆）、黔红（主产于贵州湄潭）等。

# 二

# 淡妆浓抹总相宜

## （一）优雅的英国下午茶

英国有一句家喻户晓的谚语：当时钟敲响四下，世上的一切为茶而停。一个不产茶的国家却如此为茶痴迷！据估计，英国人平均每天要喝4—5杯茶，一天中有几次固定的饮茶时间：早上起床即喝的早茶，上午11点的11点钟茶，下午4点的下午茶，傍晚6点的高茶。英国人尤其重视下午茶，就像谚语所说，每天一到这个时间，从家庭到公司，从学校到工厂，从贵族到普通大众，人们都会放下手中的工作，准备好茶点和茶叶，美美地享受一杯茶的时光。

### 下午茶的起源

如今蔚然成风的英国下午茶起源于著名的维多利亚时代，大约是公元1840年。当时英国人的正式晚餐大约在晚上8点，贝德芙公爵夫人安娜·玛利亚女士每到下午四五点时就有饥饿感，且提不起精神，做什么都觉得意兴阑珊，而离正式的晚餐还有几个小时。于是她开始在这个时候吩咐女仆准备一壶红茶和一些点心独自享用，

贝德芙公爵夫人安娜·玛利亚

这种感觉非常美妙。后来，安娜女士邀请其他贵族夫人来做客，同享一杯红茶带来的午后惬意时光。这一做法渐渐开始在上流社会风行，名媛仕女趋之若鹜，自然而然成为了英国上流社会的社交习惯。这一优雅的下午茶文化也成了最正统的英国茶文化，并伴随着强盛的维多利亚时代而举世闻名。

在英国维多利亚式下午茶传统里，精致的上等茶具非常重要，无论富人还是穷人，家里至少要准备一套精美的陶瓷茶具。贵族家庭甚至购买多套茶具，以便与不同的室内装修风格、天气和活动场合进行搭配。皇室家族更是配备了各色齐全的茶具，在活动时可以根据环境随意挑选适合的茶具。1930 年 5 月的皇室《家庭记录》中有如下描述：当女王在白金汉宫举行下午茶仪式时……茶会安排在绿色的客厅中，使用的是完美的白绿斯波德陶器茶具。对茶具的讲究不仅是为了更好地冲泡红茶，更是因为精美茶具给人们带来了美好的视觉享受，同时也是贵族礼仪与财富的彰显。

英国茶叶店摆满正山小种（李佳禾供图）

经典风格的瓷器茶具（李佳禾供图）

适合花园茶会的瓷器茶具(李佳禾供图）

精致的银茶滤和银茶匙（李佳禾供图）

## 下午茶的礼仪

在贵族家庭，女主人能举办一场精致的下午茶会是一件值得骄傲的事，而受邀参加女皇的下午茶会则是无上的荣耀。正式的下午茶有着非常严谨的礼仪要求。

英式下午茶有严谨的礼仪规程，具体有以下几点。

① 喝下午茶的最正统时间是下午 4 点钟 (就是一般俗称的 Low Tea)。

② 在维多利亚时代，男士着燕尾服，女士则着长袍。现在每年在白金汉宫的正式下午茶会，男性来宾则仍着燕尾服，戴高帽，手持雨伞；女性则穿白色洋装，且一定要戴帽子。

③ 通常是由女主人着正式服装亲自为客人服务，以表示对来宾的尊重，只有在不得已的情况下才请女佣协助。

④ 一般来讲，下午茶的专用茶为正山小种、祁门红茶、大吉岭与伯爵茶、锡兰红茶。若是喝奶茶，则是先加牛奶再加茶。

⑤ 正统的英式下午茶的点心是用三层点心瓷盘装盛，第一层放三明治，第二层放传统英式点心松饼，第三层则放蛋糕及水果塔。

英式松饼
（李佳禾供图）

装满点心的三层点心盘（李佳禾供图）

⑥ 茶点的食用顺序应该遵从味道由淡而重、由咸而甜的法则：先尝尝带点咸味的三明治，让味蕾慢慢品出食物的真味，再啜饮几口芬芳四溢的红茶；接下来是品尝涂抹上果酱或奶油的英式松饼，让些许的甜味在口腔中慢慢散发；最后才品尝甜腻厚实的蛋糕及水果塔，进入品尝下午茶点的最高潮。

⑦ 严谨的态度。这是一种绅士淑女风范的礼仪。

⑧ 品赏精致的茶器。

### 一杯完美英式红茶冲泡法

英国人对待喝茶这件事极其认真，除了茶叶和茶具的选择，还有严谨的礼仪要求。关于牛奶的添加顺序也极具争议，先奶后茶还是先茶后奶，英国人已经争论了 150 多年。直到英国皇家化学学会的《一杯完美红茶冲泡法》于 2003 年发表，这一经常发生在英国家庭的争论才得以消停。《一杯完美红茶冲泡法》的主要内容如下。

材料准备：阿萨姆茶叶（非袋泡装），软水，新鲜的低温灭菌奶，白砂糖，整套茶具。

10 条冲泡黄金准则：

① 水壶中注入软水，开火煮沸，控制好时间、水量和火候等因素。

② 烧水期间，将盛有 1/4 壶水的茶壶放入微波炉，加热 1 分钟，即暖壶。

③ 水壶烧开的同时，倒掉茶壶内的热水。

④ 按一杯一勺匙茶叶的比例往茶壶里放茶叶。

⑤ 将煮沸的开水直接注入茶壶。

⑥ 3分钟浸润茶叶。

⑦ 最好用陶瓷制的马克杯喝茶。

⑧ 先往马克杯里加牛奶，然后缓缓倒茶，茶奶混合后呈现出美丽的汤色（牛奶在温度超过75℃时容易发生热变反应。如果在热茶中注入牛奶，少量牛奶在高温茶汤中容易发生蛋白质热变反应；而往常温牛奶中徐徐注入热茶，牛奶的温度是缓慢上升的，不会发生热变反应，既保证了顺滑的口感，也保留了牛奶中的营养）。

⑨ 砂糖随个人喜好添加。

⑩ 饮用红茶的温度最好控制在60—65℃，太烫难以入口。

一杯完美的奶茶

虽然英国皇家化学学会在《一杯完美红茶冲泡法》一文中说要用阿萨姆红茶，但实际上最先风靡英国的红茶是正山小种，只是正山小种红茶量少价高，不易得到，而阿萨姆红茶量多且实惠，适合全民饮用。阿萨姆红茶刚出现在英国时并不被讲究品位的贵族认可，贵族们只认可来自中国的红茶——正山小种。而普通大众的收入不足以购买正山小种，对普通大众来说，“理想是高级中国红茶，现实是廉价的阿萨姆茶。”茶商们则把中国茶和阿萨姆茶掺在一起大量甩卖。

## （二）时尚的美国冰红茶

美国的茶叶是由英国人带入的，最初美国人的饮茶方式受英国人影响很大，也会往茶水中加入牛奶、方糖并搅拌均匀后再饮用。独立后的美国，其饮茶方式逐渐与美国饮食文化融合。美国的饮食文化讲究方便快捷，肯德基、麦当劳等全球最大的连锁快餐企业都起源于美国。在方便快捷的饮食文化背景下，具有开拓创新的美国人先后发明了多种崭新的饮茶方式，将茶与美国民族精神和饮食文化进行了有机融合，形成了美国茶文化。

### 袋泡茶的诞生

美国茶商经常用锡器装茶样给零售商试样。1908 年，有个茶商嫌锡器成本太高，便用廉价的丝袋装茶送样，这一节省成本的改变激发了零售商研发一杯量袋泡茶的想法。1920 年，袋泡茶正式出现在美国茶叶市场上。袋泡茶冲泡方便，一方面一袋的量刚好是一杯茶，另一方面冲泡完后茶杯清洗方便，所以一上市就需求量暴增，其“简单、快速、便捷”的特点深受餐厅和酒店的欢迎，也受到普通家庭的喜爱。在包装上，最初用丝袋装茶，后来发展成纸袋。1935 年以前，生产茶袋的机器和袋泡茶包装机器开始使用，袋泡茶包装由手工装袋变为机器包装，极大地提高了袋泡茶的生产效率，进一步促进了袋泡茶的发展，同时对红茶在美国乃至全球的推广起到了巨大作用。

袋泡茶是茶文化与美国人快节奏的生活和崇尚自由的精神融合的成果，人们不仅能够以最简便的形式品尝到鲜醇的茶叶，还免去

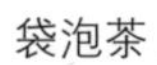
袋泡茶

英国老牌红茶茶包

了清理茶具中茶叶的步骤，让饮茶活动更为方便快捷。美国的袋泡茶成为了饮茶风尚的引领者，袋泡茶赢得了世界各地消费者的青睐。

英国茶叶品牌立顿抓住了袋泡茶的发展机遇，先在美国设厂，最快速度占据袋泡茶市场，然后向各国大规模兜售袋泡茶。这不仅打破了老牌川宁茶叶对英国茶叶市场的垄断地位，更为立顿成为全球茶叶品牌打下坚实的基础。如今，立顿是全球产量和销量第一的茶叶品牌，袋泡茶依然是其最主要的商品，称之为茶包。英国的老牌茶叶川宁、福特纳姆和玛森最终也没能抵挡住袋泡茶的攻势，纷纷卖起了茶包。如今，英国的红茶 95% 以上都是以茶包形式出售。

### 时尚的冰红茶

被标榜为极具美国文化特色的冰红茶的发明者却是英国人。

美国超市里琳琅满目的冰红茶（陈婉玲供图）

美国超市里的大瓶家庭装冰红茶（陈婉玲供图）

1904年，在美国的圣路易斯世界博览会上，作为参展商的英国茶商理查德·布莱切登在会场推销红茶。时值暑气逼人的7月，理查德·布莱切登看到会场里川流不息的人个个汗流浃背，心知“健康美味的热红茶”是无法吸引人们停下脚步的，于是他灵机一动，将冰块放到茶水里，大声叫卖 “清凉爽口的冰红茶”，瞬间吸引了大量游客的注意力，大家争相购买，理查德·布莱切登也因此获利丰厚。

冰红茶虽是由英国人发明，诞生地却是美国。因为冰红茶顺应了当时的气候，也与美国文化一拍即合，既满足了人们解暑止渴、方便实用的消费需求，也适应人们现代化的快节奏生活，故冰红茶很快就被美国人发扬光大。美国大大小小的城市中有很多冰茶馆，各大餐厅的菜单上也有冰茶，超市的货架上也摆满了琳琅满目的瓶

小贴士

### 柠檬冰红茶的调制

炎炎夏日，喝上一杯纯天然柠檬冰红茶，绝对是一件惬意的事。

先准备好正山小种、柠檬、蜂蜜、小冰块、飘逸杯、玻璃杯。然后按下面的步骤来调制：用飘逸杯或茶壶冲泡正山小种，得到浓淡适度的茶汤；将柠檬洗净，去头切片，放2—3片柠檬片到玻璃杯；将茶汤倒入玻璃杯，让柠檬的香气和酸爽滋味在茶汤的浸泡下缓缓释放；待茶汤温度降至60℃以下时调入蜂蜜，搅拌均匀；往玻璃杯中加入小冰块，一杯赏心悦目又消暑可口的冰红茶就调制好了。

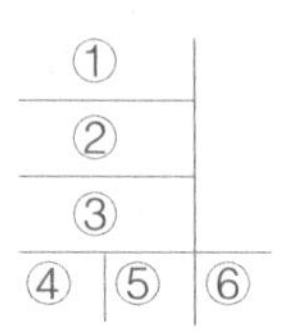


① 调制柠檬冰红茶的材料
② 玻璃茶壶冲泡正山小种
③ 柠檬切片
④ 茶汤倒入玻璃杯
⑤茶汤浸泡柠檬片
⑥调入蜂蜜并加小冰块
（陈百文供图）

装冰红茶。美国人家里的冰箱更是常年存有瓶装冰红茶，可随时享用。调制冰红茶除了红茶和冰块，还可加入柠檬、蜂蜜、薄荷、甜果酒、水蜜桃、香茶、香橙等来调味。冰红茶的推广不仅增加了美国的红茶消费，还大大刺激了传统以喝绿茶为主的日本人的红茶消费。1985 年，罐装冰红茶和瓶装冰红茶进入日本市场，很快便成为自动售卖机的主流商品。连英国老牌川宁公司也于 1997 年推出 4 款瓶装冰红茶，川宁先生甚至指出："冰红茶是 21 世纪的主流饮品"。

## （三）有趣的拉茶

拉茶起源于移民至马来西亚的印度人，如今不仅流行于马来西亚，还流行于印度。在马来西亚和印度的大街小巷都有调制售卖拉茶的商铺，现拉现卖，其味道香甜鲜美。拉茶实际上就是奶茶，以红茶和炼乳为原料，具体做法为：冲泡红茶，滤出茶汤；将茶汤与炼乳按比例混合倒入带柄的不锈钢茶杯内，容积 1 升左右；一手持盛有茶汤和炼乳混合液的不锈钢茶杯，另一手持一带柄的不锈钢空茶杯；将茶汤和炼乳的混合液在两个不锈钢茶杯间倒来倒去（相距约 1 米），两手持杯的距离由近而远，将茶汤拉成一条水线，故名"拉茶"。

"拉"的动作不能少于 7 次，才能调制出奶香浓郁、茶味饱满的奶茶。“拉”的技术是调制拉茶的关键技术，通过对混合液反复拉制，茶汤和炼乳充分混合。由于两个不锈钢茶杯存在距离，在反复倒、“拉”的过程中会产生运动，从而使牛乳颗粒受到撞击而破碎，与茶汤进行有机融合，这样不仅达到丝滑的口感要求，还充分激发了茶香和奶香。

拉茶不仅好喝，其调制过程还极具观赏性。为促进各民族的文化交流和融合，马来西亚拉茶还被改编成歌舞，代表马来西亚传统文化节目登上各地舞台。拉茶表演演员手持两个不锈钢茶杯，随着悠扬动人的南国音乐，一边优美舞动，一边拉茶，时而在胸前拉茶，时而在背后拉茶，茶汤在两个茶杯里不停倒拉，滴水不漏，简直是一场听觉、视觉、味觉的多维体验。

拉茶

# 三

# 生态与工艺的天作之合

## （一）绝佳生态育灵芽

正山小种产自武夷山国家级自然保护区内，以桐木村为核心，那里郁郁葱葱的崇山峻岭，清冽的溪涧流水，沁人肺腑的清新空气，滋养着一棵棵茶树。桐木村人世代做茶，用心对待每一粒茶芽，细心制出松烟香桂圆味的红茶——正山小种。

### 绝佳生态区的传奇

武夷山国家级自然保护区，位于武夷山脉北段的最高部位，地跨建阳市、武夷山市、光泽县和江西铅山等地，面积 56530 公顷，

世界人与生物圈自然保护区——武夷山自然保护区（吴启凡供图）

福建武夷山自然保护区立牌（吴启凡供图）

武夷山自然保护区路线图

刻在石碑上的世界遗产证书（吴启凡供图）

1979 年被批准为国家自然保护区，1986 年加入联合国教科文组织国际“人与生物圈”保护区网。1999 年 12 月，保护区与武夷山风景区联合申报世界双遗产名录获得成功，成为中国唯一的一个既是世界生物圈保护区，又是世界双遗产保留地的保护区。

保护区内平均海拔 1200 米，主峰黄岗山海拔 2160.8 米，森林覆盖率达 96% 以上，且动植物资源十分丰富。福建省在保护区建立之初组织了一支由 38 个科研教学单位、130 位教授和科研人员组成的庞大科考队，经过 10 年的综合科学考察发现：武夷山分布有 2466 种高等植物、840 种低等植物，数量在中亚热带地区位居前列，有 28 种珍稀濒危物种列入《中国植物红皮书》，如鹅掌楸、银钟树、南方铁杉、观光木、紫茎等；有 484 种脊椎动物，其中 46 种已列入国际《濒危野生动植物种国际贸易公约》，49 种是中国特有物种，

黄岗山大裂谷（余泽岚摄）

崇安髭蟾（角怪）、崇安地蜥、崇安斜鳞蛇、挂墩鸦雀等物种更为武夷山所独有；最为惊人的是昆虫种类多达 4635 种，目前全世界昆虫 34 个目中，在武夷山保护区就能找到 31 个目。武夷山因此被誉为“绿色翡翠”“世界生物模式标本产地”“昆虫的世界”“蛇的王国”“鸟的天堂”。

良好的生态环境，完整的生物链，丰富的物种资源，构成了武夷山茶产区得天独厚的生态条件。这是武夷山茶产业可持续发展的立足之本。物种的多样性为一个完整协调生物链的稳定运行奠定了基础，为武夷山发展生态茶园、有机茶园，生产出符合国际卫生质量安全的茶叶产品提供了有力保障。

保护区内的江墩、庙湾、麻粟、挂墩等地是正山小种的主产区，茶园主要分布在海拔 700—1200 米的山体下部或峡谷地带。该地带

森林覆盖率极高的桐木村

正山小种茶园周边环境（吴启凡供图）

土层深厚、土壤肥沃、表层有机质含量丰富。这些地方的年平均气温11—18℃，昼夜温差大，降水量在2000毫米以上，常年云雾缭绕，年平均空气相对湿度78%—84%，无霜期235—272天。这种土壤质地和气候条件极有利于茶树生长，茶树体内的物质代谢良好，在茶树鲜叶内形成了很多有利于茶叶品质的物质。特殊的地理环境和植被结构所形成的生境是其他地方不可比拟的，这是正山小种的本味之源，是外山小种模仿不来的。

天赐的有机茶园

茶叶的卫生质量安全是消费者极其关注的问题，因此有无公害茶、绿色食品茶和有机茶的认证。有机茶是标准最高的一类。有机

原生态有机茶园

茶是指在原料生产过程中遵循自然规律和生态学原理，采取有益于生态和环境的可持续发展的农业技术，不使用合成的农药、肥料及生长调节剂等物质，在加工过程中不使用合成的食品添加剂的茶叶及相关产品。对有机茶的认证要求非常严格，既要求不能使用合成的农药、肥料及生长调节剂，又要求品质好且能产生效益，所以生产有机茶必须选择生态环境极好的地方。

正山小种的产地桐木村是国家级自然保护区，森林覆盖率达96%以上，桐木村没有大片大片的茶园，都是散落于森林的小茶园，茶园土壤有机质含量高，昼夜温差大，常年云雾缭绕，漫射光多，特别适合茶树生长和品质物质的形成，且周围植被丰富，生态链完整，不会发生大面积的茶树病虫害。

有机茶标志

2001 年，元勋茶厂（正山茶叶公司前身）向德国 BGS 有机食品保证公司申请有机茶认证，德国方面派来的专家一进入桐木村就为那里优异的生态环境所震撼，很快就将保护区内的 3000 亩（1 亩为 1/15 公顷）茶园认定为有机茶园。

### 举世闻名的武夷菜茶

武夷山是福建茶叶的发源地之一，武夷茶在世界茶叶史上具有重要地位。18 世纪中期，瑞典植物学家林奈将茶树分为 2 个变种，武夷变种即为一种；19 世纪初，英国植物学家瓦特将茶树分为 4 个变种，武夷变种占有一席之地。庄晚芳教授和刘祖生教授经认真研究国内外茶树变种分类的资料后，结合茶树变异的实际与多年的工作经验，提出了下图所示的分类系统，共分为两大亚种，即云南亚种和武夷亚种，武夷亚种又分为武夷变种、江南变种和不孕变种。由此可见武夷茶在茶树种质资源史上具有非常重要的地位。

武夷山素有“茶树品种王国”之称，茶树品种资源极其丰富。在优越的生态环境条件下，茶树经过长期的自然杂交，经历着基因重组、基因突变，先民们不断进行着人工选择，选育出千姿百态兼具不同品种特征的各种优良单丛。

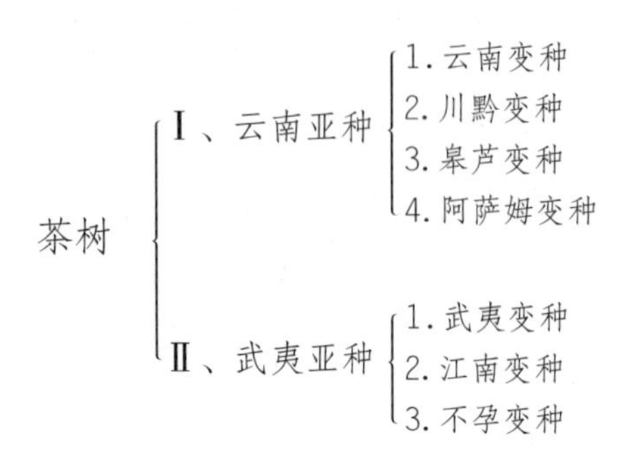


茶树分类系统

在武夷岩茶茶树品种的分类中有单丛、名丛之说，这些都是从武夷菜茶中选育出来的。单丛是指从武夷菜茶有性群体中采用单株选择法选育的优良茶树，名丛是从单丛中优中选优选育出的优良单丛，包括素心兰、不见天、瓜子金、半天夭、白瑞香、玉麒麟、向天梅、正太阳、金钥匙、小红袍、大红梅、正唐梅、玉女掌等830多种的花名，

桐木菜茶中的长叶种

桐木菜茶中的特异紫芽种

现挖掘记录茶树种质280种，科技保护利用种质70多个。武夷岩茶的主要销售区在国内，为了迎合国内高端消费者的个性化、优异化需求，岩茶生产者和经营者共同从武夷菜茶中选育了几百个单丛和名丛，而过去的几百年正山小种的销售区主要是欧美国家，他们更多的是追求标准化和统一化，故在过去的几百年中几乎没有人关注正山小种的品种问题，其原料就是武夷菜茶。近几年，随着内销市场的兴旺，武夷学院正联合正山茶叶公司和骏德茶叶公司等开展桐木红茶的种质选育，相信在不久的将来一定会有一批属于正山小种的优异单丛和名丛问世。

武夷菜茶（吴启凡供图）

## （二）烟绕青楼桂圆味

桐木村独一无二的生态环境和武夷菜茶为正山小种提供了优异的原料，而经过数代人改进的加工设备和制作工艺则是形成正山小种优越品质的关键要素。

### 正山小种的采摘

传统正山小种采一芽三四叶为原料。从嫩度来说，一芽三四叶只能算嫩度中等的原料，但桐木村生态环境好，空气湿度高，茶树新梢的持嫩性强，故茶青的内含成分丰富且协调，成茶香气和滋味不仅没有粗老气，反而细腻甘甜。

正山小种的采摘标准

### 传统工艺出古早味

正山小种的传统制作工艺分为初制和精制，初制工序为：采摘—萎凋—揉捻—发酵—过红锅—复揉—熏焙—复火—毛茶。很多工序都是在青楼进行的。青楼是制作传统正山小种红茶的重要生产车间。青楼整体分为3层，用传统的杉木制作外墙和门柱，没有做防火措施，故生产时要有人24小时轮班看护。第一层的地下用于燃烧松木，热气和大量烟雾随着地面的透气孔（砖块留缝排列）进入第一层。第二层和第三层的地面是用大竹片做横档，上铺竹席，竹席上铺茶青，用于萎凋。茶青通过竹席的空隙吸收马尾松燃后产生的松烟。萎凋适度的茶青揉捻发酵后，用竹筛盛放，在一楼熏焙干燥，经此传统工艺制作的正山小种会有特有的松烟香和桂圆香。由于常年使用，整座青楼都是散发着松烟香，一走进去就能闻到，室内都熏成了黑色，所有用来烘焙的竹筛也都黑如漆，连门口外面的天花板都被熏黑了，处处透着传统的味道。

现代新建的青楼采用了良好的防火措施，外墙用砖头垒砌，内壁和门全部用防火材料，每层设一个防火的蓄水池。

烟熏青楼

① ②
③ ④
⑤

① 青楼横档及竹席

② 青楼底层燃烧松木

③ 常年用来熏焙正山小种的竹筛

④ 防火青楼地面设计（吴启凡供图）

⑤ 青楼被熏黑的门口

正山小种的加温萎凋（吴启凡、傅登明供图）

工夫红茶的加温萎凋（吴启凡供图）

正山小种传统制作工艺如下。

萎凋：萎凋就是将茶青均匀摊放，使其散失一部分水分，提高酶活性，以利于发酵，使叶片变得萎软，便于揉捻成形。正山小种红茶的萎凋方法有复式萎凋（日光萎凋与室内萎凋结合）和加温萎凋两种。桐木村一带海拔高，茶树发芽较迟，且正山小种红茶原料采摘时较成熟，采制时正好在梅雨季节，天气少晴多雨，故一般采用加温萎凋。我国大部分工夫红茶的加温萎凋是在专门的萎凋槽进行的，而正山小种红茶的加温萎凋是在青楼的第二层和第三层进行，这样一方面可直接利用熏焙时的余热来加温，另一方面可使茶青从一开始就吸烟，以提高松烟香和茶味的融合度。制茶师将茶青均匀地铺散于竹席上，随着室内温度的不断升高，制茶师定时翻青，以使茶青萎凋均匀。这一过程对人体尤其是眼睛有较大伤害，所以常年做传统工艺的制茶师通常视力会受损。

揉捻：待茶青萎软，透出清香

时即可进行揉捻。揉捻的目的一方面是形成条索，另一方面是为发酵准备条件。因此红茶揉捻要求重揉，揉至茶汁溢出较多，使茶多酚和多酚氧化酶充分接触，以利发酵。

发酵：茶叶的发酵是指以多酚类物质氧化为主的一系列复杂的生物化学反应，是红茶制作最关键的工序。发酵时茶叶中的儿茶素氧化成茶黄素、茶红素、茶褐素，从而使茶青由绿变红。将揉捻叶放入竹篓内，温度低时可将竹篓放进青楼以增温。红茶发酵需要氧气和酶活性，因此在茶坯中间挖一个洞，并在竹篓上盖一块湿纱布，以保持高湿环境，促进酶活性。在发酵过程中，茶叶的颜色和香气都在发生变化，颜色的变化历程是"绿—青绿—青黄—黄—黄红—红—暗红"，香气的变化历程是"青气—清香—花香—花果香—果香"。在叶色即将由黄红转红，香气出现花香和花果香时结束发酵。

过红锅：这是制作正山小种特有的工序，主要目的是用高温快速

揉捻（傅登明、吴启凡供图）

发酵（傅登明、吴启凡供图）

过红锅（傅登明、吴启凡供图）

准备熏焙（傅登明、吴启凡供图）

进烟熏房熏焙（傅登明、吴启凡供图）

手工筛分（傅登明、吴启凡供图）

钝化酶活性，固定发酵叶的品质。此工序名称非常形象，“红锅”，说明锅底烧得红彤彤的，温度很高；“过”，说明时间要短，待铁锅烧红后投入发酵叶，双手快速翻炒。除了钝化酶活性外，过红锅还可以提高香气，醇化滋味。

复揉：经过发酵和过红锅，茶条有些回松，需要再次揉捻，以卷紧条索。

熏焙：将复揉后的茶坯解块抖散均匀摊至竹筛上，放入青楼第一层的竹筛架上。在青楼的最底层燃烧松木，热气和浓烈的松烟从地面缝隙进入青楼第一层，让茶叶在干燥的同时不断吸附松烟，形成正山小种独特的松烟香和桂圆味。

复火：熏焙烘干的茶叶经拣梗去片后再次放入青楼用松柴烘焙，以增加松烟香。

经过以上多道初制工序出来的茶叶便是正山小种毛茶，然后再进行精制得到精茶。

精制工序：定级归堆—毛茶打堆—走水焙—筛分—风选—拣剔—烘焙—干燥熏焙—匀堆—装箱。

小贴士

## 神秘的桂圆香

传统正山小种滋味醇厚、柔和、清甜，有类似桂圆干的干果甜香和清爽的松烟香。外山小种、不熏烟正山小种或不是用保护区内的松树熏烟的正山小种都没有这种桂圆香。这是为什么呢？姚珊珊、郭雯飞等人通过分析正山小种、烟正山小种、烟小种的香气组分发现：烟正山小种的长叶烯和 α－萜品醇显著高于正山小种和烟小种，这两种成分主要来源于松树。据研究，黄山松和马尾松的树脂中长叶烯含量很高，而从芬兰、意大利、俄罗斯等国引入的松树中长叶烯含量很低。保护区密林中生长着大量马尾松和黄山松，是当地村民生产、生活的主要燃料，烟正山小种在熏焙时吸收了产于当地的黄山松和马尾松中的长叶烯，形成了特殊的桂圆香。

自武夷山成为保护区后，国家法律规定严禁在保护区内进行砍伐，故现在生产正山小种已很难用当地的松木进行熏焙了，有明显桂圆干香的正山小种也很难遇上了。

## （三）佳茗还需用心藏

鲁迅先生曾说：有好茶喝，会喝好茶，是一种清福，但享这种清福是需要工夫的。鲁迅先生说的工夫也指泡茶要有功夫。其实喝到一杯好茶需要很多功夫，制茶要功夫，存茶要功夫，泡茶要功夫，品茶也要功夫。在这些功夫里，存茶功夫虽不是最重要的，但却经常被忽略。



## 导致茶叶劣变的因素

明代屠隆在《茶笺》一书中写道："茶之味精，而性易移。"古人就已知道贮藏茶叶的重要性和不易性。茶性之所以易移是因为茶叶具有很强的吸附性，容易吸附异味和水汽，同时还受温度和光照等因素影响，因此在贮藏过程中，品质会发生变化。如果贮存条件不好，会加速品质的劣变，使茶叶的色香味发生很大变化，色泽变暗，失去光泽，新茶香消失，香气低沉，汤色加深发暗，滋味不鲜爽，甚至有霉陈味。贮藏中影响茶叶品质的主要因素有水分、温度、氧气、光线、气味等。

水分对茶叶品质的影响包括两方面，一是空气湿度，一是茶叶自身的含水量。茶叶在包装不够严谨的情况下，较高的空气相对湿度（大于60%）会促使茶叶吸水而增加含水量。茶叶含水量小于5%时耐贮藏。含水量高会促进茶叶中内含物的转化，加速茶叶的陈化；过高的含水量（含水量大于10%）甚至会导致茶叶发生霉变。

温度是影响茶叶品质变化的重要因素。研究表明，温度每升高10℃，茶叶中内含物的化学反应速度提高3—5倍，对绿茶和清香型铁观音尤为明显。茶叶在贮藏过程中发生的氧化反应都需要氧气的参与，如儿茶素的自

农村传统的存茶器

动氧化，维生素C的氧化，茶黄素、茶红素等的氧化聚合。这些氧化作用会导致茶叶色泽加深变暗，香气和滋味失去鲜爽感。

光线对茶叶品质的影响主要是因为紫外线会促进茶叶中黄酮类物质、叶绿素等的降解和氧化。阳光直射会使茶叶产生日晒气，从而使品质下降。

此外，茶叶非常容易吸附异味，贮藏茶叶的地方一定不能有任何异味。

正山小种红茶的贮藏要点

① 红茶是全发酵茶，在贮藏过程中受温度影响相对较小，故红茶不需冷藏，常温贮藏即可。

② 茶叶含水量小于5%，空气相对湿度最好小于50%。家庭短期贮藏对空气湿度没有严格要求，只需注意不要将茶叶放在潮湿之地，且要密闭包装。

③ 用不透光的包装容器装红茶，且不要暴露在阳光下。

④ 将茶叶贮藏在没有任何气味的地方，以免茶叶吸附异味。

## （四）祛病养生益健康

红茶是全发酵茶，茶多酚大部分氧化成茶黄素、茶红素和茶褐素。这种氧化不仅带来了色泽的改变，同时也改变了茶性。不发酵的绿茶茶性偏凉，全发酵的红茶茶性较温。茶叶中含有多种有效成分，如茶多酚及其氧化物、黄酮类化合物、氨基酸（尤其是茶氨酸）、咖啡因、茶多糖等。不同的茶类，其有效成分的含量差异较大，故在保健功效上也有区别。



### 暖胃养胃功效

茶叶中的茶多酚具有很好的保健功效，但浓度较大时对胃黏膜也有一定的刺激性，而茶多酚的氧化物不仅不会刺激胃黏膜，还可以保护胃黏膜，能暖胃养胃。有研究表明，红茶功能成分可以通过抑制有害菌生长、促进有益菌生长来改善肠道菌群结构；通过防止组织氧化和修复氧化损伤，并与胃黏液和谷胱甘肽等物质相互作用来保护胃肠道黏膜；通过与消化酶相互作用，促进胃肠道的蠕动来调节消化吸收；通过与免疫系统调节因子、相关转录因子和一系列酶类的相互作用来预防胃肠道疾病。故胃寒的人应多饮红茶。

### 防治心脑血管疾病

作为世界上消费量最大的茶类，红茶的保健功效被广泛研究。流行病学研究表明，饮用红茶具有预防心血管疾病的作用。荷兰的一项研究表明，与不喝茶者相比，每天喝一杯红茶者得心脏病的风险要低 44%；每天喝 4 杯红茶者，其患动脉粥样硬化的风险会降低 69%。美国的一项研究发现，心脏病患者每天喝 4 杯红茶，血管舒张度从 6% 增加到 10%。有研究表明，红茶中的茶黄素能够抑制由胶原引起的人体血小板活化和聚集，并能够显著抑制小鼠体内血栓的形成。这有力地诠释了长期饮用红茶对人体心血管健康的保护作用。

## 防治卵巢癌

卵巢癌是妇科三大癌症之一，患病人数多。据报道，2015 年我国约有 52100 例女性被确诊为卵巢癌，约有 22500 例死于卵巢癌。临床发现 FIGO（国际妇产科协会）I 期或 II 期的卵巢癌患者部分可手术治愈，患者 5 年存活率为 70%—90%，FIGO III 期或 IV 期患者 5 年存活率约为 20%。由于卵巢癌早期无典型症状和有效的早期诊断方法，当患者因出现腹痛等症状前来就诊时，卵巢癌往往已进入中晚期（即 FIGO III 期或 IV 期）。因此，预防卵巢癌降低发病率很重要，寻找新型、高效、副作用小的抗癌化合物也迫在眉睫。

浙江大学屠幼英教授带领其科研团队在红茶防治卵巢癌研究方面取得了卓越成绩。他们通过检测红茶中茶黄素单体抗卵巢癌的效果，筛选出效果最强的茶黄素双没食子酸酯（TF3），并进一步研究 TF3 对卵巢癌细胞增殖、卵巢癌细胞诱导的血管生成、卵巢癌细胞凋亡、卵巢癌细胞周期的影响。研究结果表明：TF3 在体内外均显示出抑制卵巢癌细胞 OVCAR-3 诱导的血管生成的作用；TF3 可以增加 OVCAR-3 细胞凋亡；TF3 在体内外均表现出抑制卵巢癌细胞增殖的作用；TF3 能诱导 OVCAR-3 细胞周期阻滞于 GO/G I 期。故饮用红茶能有效降低患卵巢癌的风险，且对卵巢癌的治疗具有一定效果。

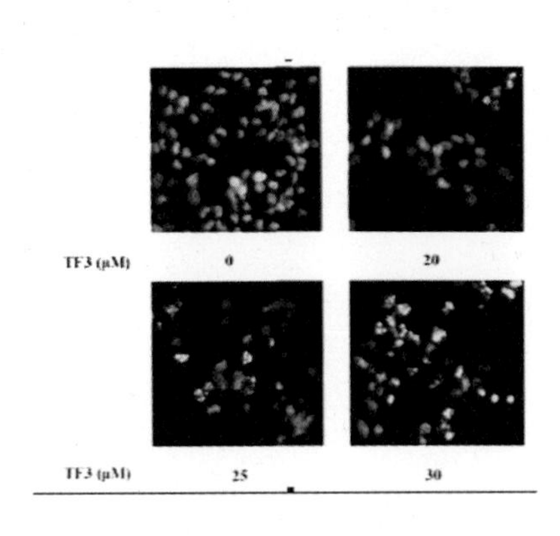


茶黄素促进卵巢癌细胞凋亡

红茶还具有抗疲劳、强壮骨骼、预防帕金森病、降血脂、血糖等诸多功效。

# 四

# 薪火相传创辉煌

## （一）群贤心系正山小种

传统制法的红茶征服了欧美人的味觉，却不适合我们中国人的口感，故红茶自诞生起主要销往国外。早些年，在武夷山买不到正山小种，在祁门买不到祁门红茶。清朝末年，印度红茶发展起来后，再加上连年战乱，正山小种的生产和销售都受到很大影响，世代以生产正山小种为生的桐木村村民几乎无法维持生计。眼看正山小种就要失传，幸有吴觉农、张天福、骆少君等茶叶科技工作者心系正山小种，加上桐木江氏、傅氏等家族在艰难条件下坚持做茶，才使正山小种制作技艺得以传承下来。尤其值得一提的是，吴觉农、张天福为正山小种的发展倾注了大量心血。

吴觉农（1897—1989），是我国近代茶叶事业复兴和发展的奠基人，被尊称为“当代茶圣”。1941 年，吴觉农来到武夷山，并于 1942 年创办了中国第一个专门的茶叶研究机构——中央财政部贸易委员会茶叶研究所（即福建崇安茶叶研究所），召集并吸引了众多优秀的茶叶研究人员来武夷山工作。除吴觉农外，中国十大茶人中还有六人在此研究所工作过，他们是蒋芸生、王泽农、庄晚芳、吴振铎、李联标、张天福。在武夷山期间，他多次深入桐木村进行实地考察，收集正山小种、武夷岩茶

“当代茶圣”吴觉农（正山堂红茶博物馆供图）

的历史资料和自然地理数据，编制了《整理武夷茶区计划书》，为武夷山茶产业的恢复和发展做出了重大贡献。1945 年抗日战争胜利后，国民政府下令撤销茶叶研究所，吴觉农等茶人痛心疾首，遗憾地离开了武夷山。中华人民共和国成立后，中共中央任命吴觉农为农业部副部长兼中国茶叶公司总经理。

张天福（1910—2017），是福建茶业科研和教育的创始人，被尊称为“茶界泰斗”。这位茶寿老人从 1938 年起便与武夷山茶叶结下深厚情缘。1938 年，张天福在武夷山组建福建农业改进处茶叶改良场，并任场长；1941 年，改良场并入福建示范茶厂，张天福任厂长；1941 年，张天福创办崇安县初级茶叶学校，任校长和专业教师；1942 年，接上级指令调离武夷山；1946 年，又被调回武夷山任崇安茶叶试验场场长；1949 年，又被调离武夷山；1959—1961 年，因被错判为右派而下放劳动，下放地点就是崇安茶叶试验场。在武夷山工作期间，张天福非常关心正山小种的发展。为了发掘和恢复正山小种的生产， 1941 年张天福带着贷款，冒着生命危险，从星村出发，一路翻山越岭，借宿荒野人家，徒步走到桐木村，建立了“正山小种红茶示范基地”。基地建立起来后，张天福深感零散的小农小户茶叶生产没有发展前途，必须扩大规模和保证品质才能求得生存与发展，因此在桐木的庙湾、龙渡和三港成立了 3 个茶叶生产合作社，把茶农们集中起来进行技术指导和科学管理。张天福不仅注

“茶界泰斗”张天福（正山堂红茶博物馆供图）

1960 年桐木茶场庙湾管理站全体社员合影（正山堂红茶博物馆供图）

重正山小种的生产技术，还解决了生产资金问题。生产资金由其任职的示范茶厂给予直接贷款，等茶叶加工出来后抵贷款。可以说正是张天福的这一系列做法挽救了濒临衰亡的正山小种。

吴觉农和张天福在武夷山工作期间，曾多次到桐木村，除了在资金上支持正山小种的发展，更是在技术上给予指导。江润梅等因此将正山小种的采制技术得以完善。1972 年江润梅临终时交代其子江素生说："吴觉农和张天福是中国著名的茶叶专家，我们交往甚深，不能忘记，有机会一定要找到他们，他们能帮助正山小种重振旗鼓。" 1983 年，正山小种销售不理想，福建省茶叶进出口公司准备取消桐木村的正山小种生产加工计划。时任福建省政协委员的张天福得知后，于 1984 年在给省政协的提案中提出："应保留生产闽红三大工夫（政和工夫、坦洋工夫和白琳工夫）和正山小种"，"正山小种是福建省唯一独特的外销产品……应慎从全局长远和生产发展的观点出发，会同省茶叶公司商讨，采取定点定量保留生产，努力提高品质，积极开拓市场，合理调剂出口盈亏换汇率或向省财

福建省农业科学院茶叶研究所

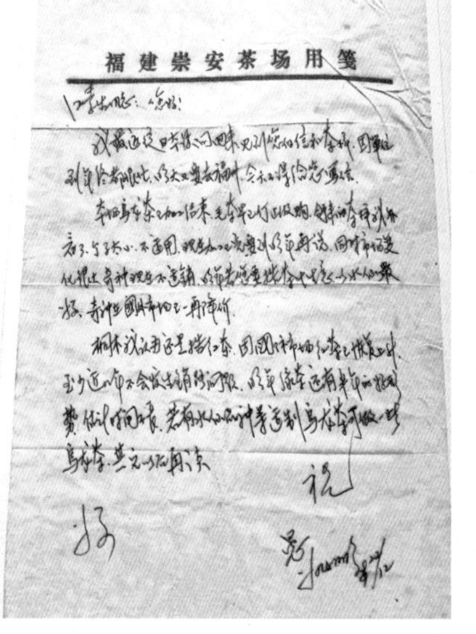
福建崇安茶场用笺

① 张天福写给江素生的信　② 吴觉农写给江素生的信

③ 庄任写给江素生的信　④ 姚月明写给江素生的信

（正山堂红茶博物馆供图）

政部门申请拨补扶植生产款，以求保持福建省茶叶种类多、出口货源丰富多彩的优势”。为确保正山小种生产出口计划的保留，1985年当地政府让桐木村打报告，这份报告最后转给了吴觉农。吴觉农立即做了批示并回信：“我已将你们要解决的问题反映给有关部门。正山小种品质好，历史悠久，在国际市场上还是有竞争力的。20世纪40年代在我手上想恢复，但没有恢复起来，希望你们努力，提高品质，在做细做精上下工夫。顺问江润梅还在否？”随后江素生就开始了与吴觉农书信往来探索正山小种的问题，信件多达30多封。1985年12月，江素生特意带上正山小种到北京拜访吴觉农，吴觉

小贴士

茗人茗语

吴觉农：中国不能没有世界顶级红茶；正山小种应在继承中创新。

张天福：要发展世界顶级红茶；正山小种完全有条件再次成为世界顶级红茶。

骆少君：武夷山是未受污染的世界环境保护的典范，是茶界的福气；武夷茶不能以量取胜，而应在创新中提高品质，以价取胜。

江润梅：一定要把正山小种红茶继承下去，这个祖宗的东西不能丢。

骆少君（正山堂红茶博物馆提供）

农看了后说："太粗了，正山小种可以做出好茶，你们要注意提高品质，要搞新产品开发，搞小包装组织茶业产销合作社，把茶叶做精。"他还介绍江素生去找福建茶业进出口公司的庄任，庄任推荐武夷茶场场长姚月明具体指导桐木村茶叶的生产。

正是因为有这些茶叶专家一直在为正山小种出谋划策，有江氏家族的坚守，才让正山小种度过困境，由此桐木村迎来春天。

## （二）一个家族的坚守

在桐木，无人不知江氏家族，这是一个与正山小种血脉相融的家族。据《江氏族谱》记载：桐木江氏家族发源于河南固始，北宋后期迁至江西，南宋后期从江西迁至武夷山桐木关。盖一公为桐木江家的始祖，到桐木后，江家世代以茶为生。

江润梅是江家二十二代传人，也是江氏家族中的一位杰出人物，为正山小种的传承作出重大贡献。然而，江润梅早年根本没想过要做茶，是家族的使命让他与茶结下了不解之缘。其儿子江素生曾说："我父亲江润梅先生早年醉心仕途，根本无意做茶，无奈祖父病重，将产业尽数托付给他。父亲是临危受命，当时国内战争频繁，民不聊生，加上印度红茶的快速崛起严重冲击了正山小种的外销市场，内忧外患使正山小种濒临衰亡。"虽是临危受命，但江润梅对茶有很高的悟性，富有钻研精神，正好又遇上了正山小种的贵人——吴

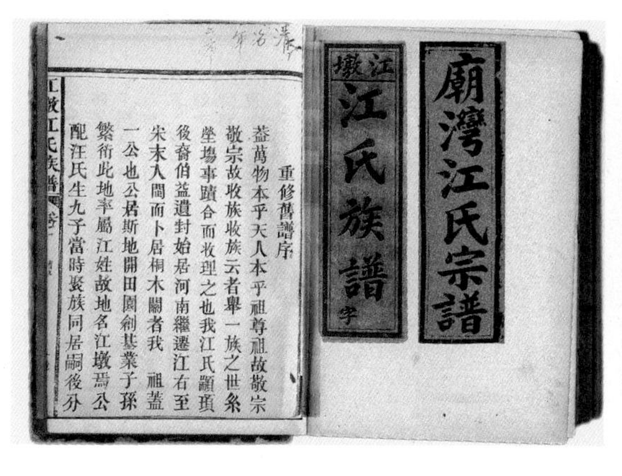

廟灣江氏宗譜

江墩
江氏族譜
字

江墩江氏族譜

重修舊譜序
蓋萬物本乎天人本乎祖尊祖故敬宗
敬宗故收族收族云者舉一族之世系
塋塲事蹟合而收理之也我江氏顯頂
後裔佾益遺封始居河南繼遷江右至
宋末入閩而卜居桐木關者我 祖蓋
一公也公居斯地開田園剏基業子孫
繁衍此地率屬江姓故地名江墩焉公
配汪氏生九子當時褎族同居嗣後分

江氏族谱（正山堂红茶博物馆供图）

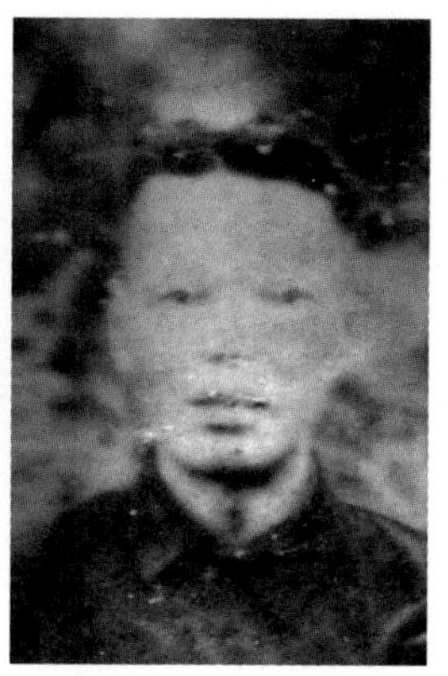

江润梅



觉农和张天福等茶界技术专家。张天福建立“正山小种红茶示范基地”时任命江润梅为基地负责人，并给基地提供技术和资金支持，使江润梅有条件对正山小种的种植、采制、销售等一系列问题进行深入探索，成为桐木制茶能手。在张天福等人的支持下，江润梅带领桐木村村民发展正山小种并取得了不错的成绩：1954 年时产量达到 50.71 吨，1954—1972 年间年均产量达 84.32 吨，相比于 1941 年 0.5 吨的产量增长了许多倍。

江润梅有幸遇上吴觉农、张天福等贵人，恢复和扩大了正山小种的生产，其子江素生接手后，正山小种遇上了销售瓶颈。1983 年桐木村生产正山小种 207.3 吨，却严重滞销。看到乌龙茶好销且价格比红茶高，桐木村人也想改制乌龙茶。1985 年，江素生写信给张天福，请教桐木村是否可以改制乌龙茶。张天福回信指导说：“制造乌龙茶的茶树品种，应以水仙、铁观音、肉桂等为原料，你处原不是这些适制乌龙茶的品种，所以要想改制乌龙茶必须考虑优良品

吴觉农与江素生合影（正山堂红茶博物馆供图）

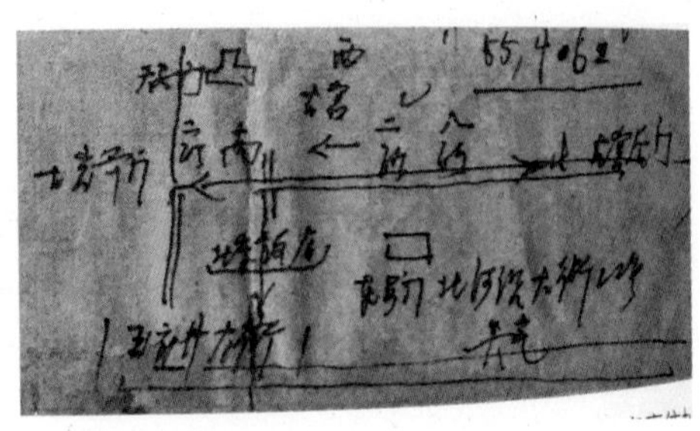

吴觉农手绘地址（正山堂红茶博物馆供图）

种的问题。”1986年春，江素生在庙湾种了10亩肉桂和水仙，其他村民也相继种了一些乌龙茶品种，现在桐木村里面的少量水仙和肉桂就是那时种下的。同时，为了解决正山小种的销售和生产计划保留问题，江素生写信给吴觉农。得到吴觉农的回信和绘制的家庭住址方位图后，江素生和江素忠两兄弟千里迢迢进京找吴觉农。江素忠在南京走散了，江素生一人进京，把带去的正山小种给吴觉农品鉴，得到吴觉农的指导。

为探讨正山小种品质和市场适销对路问题，江素生与吴觉农经常信件往来，江家与吴觉农一家也因此建立起深厚情谊。1990年10月28日，吴觉农逝世一周年纪念日，江素生和江素忠两兄弟应邀出席了吴觉农茶学思想研究会，并当选为理事；2007年，吴觉农之子吴甲选先生应邀来武夷山开会，期间特意抽空去桐木看望江家人，并题词“茶谊三代，情义无穷”以留念。

在吴觉农和张天福等人的关心支持下，在以江素生为代表的桐木村人的努力下，正山小种的生产计划得以保留。由于无法从根本上解决小农生产与国际大市场的关系，正山小种一直无法做大做强。

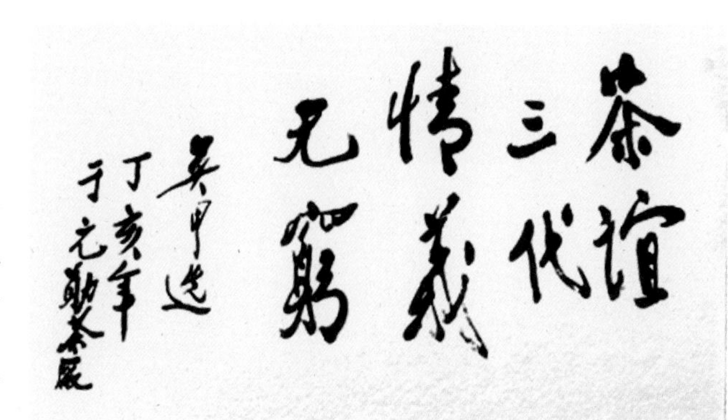


见证江吴两家世代情谊的题字（正山堂红茶博物馆供图）

但不管境况如何困难，江素生之子江元勋谨记家族使命，坚持做茶，其中的艰辛难以言说……

1997年，江元勋用8000元借款创办了元勋茶厂。建厂之初，由于没有品牌、没有规模，市场竞争力弱，销售渠道也不畅通，生产出来的红茶大部分积压在仓库。为摆脱这种困境，江元勋尝试制作乌龙茶，谁知，乌龙茶也卖不出去。两年下来，创业资金都变成了满满一大仓库的茶叶，手头再无资金继续生产，1999年茶厂被迫停产。

江元勋回忆说："望着堆积如山的茶叶，我心痛如绞，却又一筹莫展，真的是撑不下去了。但中国古话说'否极泰来'，2000年时，我遇到了贵人和高人。"江元勋所说的高人是祖耕荣。祖耕荣到元勋茶厂后，通过深入调查研究，了解了红茶的国内外市场行情，向江元勋提了3个建议：一是筹措资金恢复生产；二是注册品牌；三是申请有机认证，对接欧盟红茶市场。为了筹措资金，祖耕荣用其内兄价值几十万的房产抵押给银行，贷款19万元。拿到贷款后，江元勋立即组织工人和茶农们投入生产，停了许久的机器轰隆隆地响起来了，久违的笑容又回到了江元勋的脸上，工人们和茶农们的

江家第二十四代传人江元勋（正山堂红茶博物馆供图）

笑容也格外灿烂。解决了生产资金问题，祖耕荣和江元勋又不分昼夜地准备向欧盟申请有机认证和注册“元正”牌商标的材料，马不停蹄地在桐木和市区两边跑手续。

终于功夫不负有心人。2001 年，德国派专家到元勋茶厂实地考察，经过对茶园环境和茶厂设备全面检测，确定元勋茶厂生产的元正牌正山小种和奇品乌龙茶为有机茶，保护区内 3000 亩茶园为有机茶园。6 月有机认证证书就寄到了元勋茶厂。凭着这本通行证，前几年仓库积压的红茶和乌龙茶全部销售出去，茶厂一下就活了起来，桐木村茶业也活了起来。

看到这些成果，江元勋信心百倍，更加坚定不移地将“正山小种之路”走到底。

“不忘初心，方得始终。”有江家数代人的坚守，有桐木村茶农的世代坚守，才有正山小种重焕生机的今天。

## （三）技艺代代有传承

历史悠久的中华民族创造了多元的文化，但由于历史的变迁，时代的变更，许多文化消失在历史长河中。正山小种是幸运的，虽然历经多年战乱，产销困境，却依然传承到了今天。这种幸运是桐木村世世代代茶农用心守护和传承的结果。没有传承人，非物质文化遗产就无法流传下来。2013 年，武夷山市文化体育新闻出版局公布了“正山小种红茶制作技艺”市级非物质文化遗产代表性传承人，有江元勋、梁骏德、傅连兴等人。2014 年，正山小种红茶制作技艺被列入南平市第五批非物质文化遗产项目名单。2017 年，正山小种红茶制作技艺被列入福建省第五批省级非物质文化遗产，代表性传承人有江元勋、梁骏德。

江元勋

1964 年 7 月，出生于桐木村。江元勋是正山小种第二十四代传人，福建省非物质文化遗产保护项目正山小种红茶制作技艺代表性传承人、高级评茶师。现任正山茶业有限公司董事长兼总经理，福建省茶叶学会理事，武夷山市茶叶学会理事，张天福茶学思想研究会会员，中国国际商会武夷山商会副会长，

荣誉证书

命名江元勋为第四批南平市非物质文化遗产保护项目正山小种红茶制作技艺代表性传承人。

南平市人民政府

正山小种红茶制作技艺传承人江元勋证书（正山堂红茶博物馆供图）

南平市人大代表，获素有茶界奥斯卡之称的“陆羽奖”，以及“2010 福建年度人物”“2010 年福建十大茶叶人物”等荣誉称号。

江元勋一直将“传承四百多年红茶历史文化”和“做最好红茶”作为自己的使命。他不仅是将正山茶业有限公司做大做强的创业者，更是让正山小种重放异彩之制茶大师。在 2008 年“陆羽奖”的颁奖典礼上，骆少君如此评价江元勋：“他在桐木关下出生，守着一段曾经的传奇长大。父辈们的故事里，有一种茶红如鲜血，绚烂芬芳，她曾经风靡过欧洲贵妇的茶盏，也曾经让诗人拜伦顶礼膜拜。然而，在他的记忆里，尽管茶色如此艳丽，却挽不回现实的无名和苍白。潮起潮落，正山小种红茶好像重新走回了深闺，只等人来，重新掀开历史的盖头。在这样的困境中，他站了出来，以艺术家一样的想象神奇地点化着武夷红茶片片纤细的叶尖。左手是金，右手是银，正山小种红茶在他的指间获得了涅槃重生。”

正山小种红茶制作技艺传承人江元勋（正山堂红茶博物馆供图）

## 梁骏德

梁骏德，1948 年 7 月出生于武夷山市星村镇桐木村，祖上世代以做茶为生。梁骏德为特级制茶工艺师，高级评茶师，福建省非物质文化遗产保护项目正山小种红茶制作技艺代表性传承人。现任武夷山市骏德茶厂董事长，2014 年荣获有茶界奥斯卡之称的“陆羽奖”，2016 年被评为“茶科技推广先进工作者”。梁骏德从小就对制茶工艺感兴趣，15 岁时正式加入正山小种生产队当学徒。他对做茶很有悟性，在学徒期间表现出众，对红茶的采摘标准、萎凋、揉捻、发酵、烘干、加烟等工序的技术要求和火候拿捏得恰到好处。勤奋加上悟性高，21 岁时梁骏德就成了生产队制作正山小种的骨干技术员，负责技术把关。2005 年，作为元勋茶厂的制茶师，梁骏德参与了第一泡金骏眉的制作，并于 2006—2008 年与江元勋一起不断改进金骏眉的制作工艺。

正山小种红茶制作技艺传承人梁骏德（傅娟供图）

荣誉证书

命名梁骏德为第四批南平市非物质文化遗产保护项目正山小种红茶制作技艺代表性传承人。

南平市人民政府
二〇一[illegible]年九月

正山小种红茶制作技艺传承人梁骏德证书（傅娟供图）

## 傅连兴

傅连兴，1958 年出生于武夷山市星村镇桐木村七里制茶世家，南平市非物质文化遗产保护项目正山小种红茶制作技艺代表性传承人。现任武夷山市桐木茶叶有限公司董事长。傅连兴从小受到正山小种文化熏陶，12 岁上山采茶，18 岁初中毕业后进正山小种生产队，跟随当制茶师的父亲学习制茶技艺。几年后，他就具有精湛的制茶技艺，全方位掌握了正山小种的采摘、萎凋、揉捻、发酵、烘干、精制等各环节的技术要点。1988 年桐木茶厂成立，村委会鉴于傅连兴的文化水平和丰富的制茶经验，邀请他进厂负责正山小种的生产和销售。在桐木茶厂任职期间，他为正山小种传统工艺制作和出口创汇做出较大贡献。1990—1991 年在地区乡镇企业和省级乡镇企业评比过程中，他使正山小种制作技术的各项卫生指标达到先进标准；1994 年荣获农业部全面质量管理达标证书。1996 年，他担任桐木茶厂

正山小种红茶制作技艺传承人傅连兴（傅登明供图）

厂长，注重对正山小种传统工艺的保护和传承。1997 年，村办企业改制，傅连兴承包了桐木茶厂。2000 年，他正式向桐木村购买桐木茶厂，并于 2004 年注册成立桐木茶叶有限公司。自开始学茶到进入桐木茶厂，傅连兴自始至终把正山小种的品质和卫生质量放在首要位置。



## （四）创新名茶金骏眉

红茶诞生于中国，但在 2008 年以前中国人喜欢喝红茶者甚少，有名的正山小种、祁门红茶、滇红等均是以出口为主，或者全部出口。嗜爱红茶的英国人凭借其强盛的国力将红茶发展成了国际茶叶市场上的第一大茶类。最近几年，红茶在国内市场上也逐渐火热起来，且在众多名茶中突出重围。一直习惯喝绿茶的中国人何以突然爱上了红茶呢？这是因为红茶新贵金骏眉点燃了国人对红茶的热情。

### 金骏眉之诞生

2005 年 7 月 15 日的午后，江元勋与友人张孟江、阎翼峰等人在正山茶业公司门前的草坪纳凉，见一村妇手持镰刀路过，张孟江好奇地问江元勋：“这么热的天，这个村妇拿镰刀去干什么？”江元勋说采些粗老的茶叶原料做出口茶，张孟江随口说了句：“这么辛苦，何不增加成本，像绿茶一样用芽尖做些高端红茶试试呢？”张孟江的一句无心之语给江元勋带来了启发，他随即吩咐制茶师傅温永胜以80元每千克的价格请那个村妇采茶芽。傍晚时刻，茶芽采回，正山茶业的江元勋便与温永胜、梁骏德等人按萎凋、揉捻、发酵、炭焙等工艺加工这些茶芽，制得形状俊美的三两红茶。这便是金骏眉的雏形。

制作金骏眉的茶芽

第二天，江元勋特意邀请张孟江等共同品鉴，只见沸水冲入杯中后，花果香、蜜香立即弥漫开来，茶汤金黄透亮，入口顿觉甘爽润喉、满口芬芳。这次令人惊艳的品鉴给了江元勋极大的信心。

江元勋又于2006年和2007年用了两年时间对金骏眉的工艺进行创新调整和完善，终于获得了品质稳定而优异的金骏眉。2008年金骏眉正式投放市场，马上就受到爱茶之士的狂热追捧。

### 金骏眉之名

一个好名字是一款好产品能快速被人喜爱的条件之一。金骏眉创制成功后，为了给这款茶取个叫得响又有文化的名字，江元勋与张孟江颇费思量，反复探讨，最后根据该茶的生长环境、采制工艺、品质特点等，将其取名为

金骏眉

“金骏眉”。“金骏眉”读着朗朗上口，又易记，既能表达茶叶的品质特点，又具有深厚内涵。“金骏眉”之“金”言其色、展其实、寓其价，有两方面涵义，一是茶汤金黄亮丽，金圈宽厚；二是代表贵重和稀有。“金骏眉”之“骏”表其形、彰其源、寄其望，一表示干茶外形俊美，二说明此茶生长于崇山峻岭之中，三寄望此茶能有骏马奔腾之势，引领中国红茶走向辉煌。“金骏眉”之“眉”显其精、现其技、耐冲泡，不同于传统正山小种用2—3叶茶青为原料，金骏眉是用精心采摘的单芽制作，原料之精尤为难得，细嫩茶芽经精心制作后茶条微弯，似柳叶眉。“眉长为寿，寿者长也。”“眉”说明金骏眉耐冲泡。正宗的金骏眉可以连续冲泡12次以上，花蜜香从头几泡的浓郁渐转为馥郁悠长的蜜香，且汤色金黄，滋味甘醇饱满。

金骏眉之现象

2008年，金骏眉正式进入茶叶市场，不仅自身受到追捧，还带动了中国的红茶市场。2008年初，福州茶市的大部分商家以卖铁观音为主，对红茶基本没兴趣，到年中的时候却发生了戏剧性变化，红茶成了福州茶市最大的热点，除了金骏眉和正山小种红茶，坦洋工夫、政和工夫也成了很多茶店的主打商品，甚至还有不少红茶专卖店。中国的红茶市场从2008年中开始发热，这种热度一直持续至今。一个创新茶品带来如此大的效应，这在茶叶史上是极少有的现象。

金骏眉刷新了中国红茶的价值体系，同时又使红茶市场乱象纷呈：“山寨金骏眉”层出不穷。桐木关金骏眉产量极其稀少，且价

小贴士

## 色素茶的辨别技巧

红茶有无添加柠檬黄、日落黄、胭脂红等色素，可从干茶和茶汤两方面来辨别。

干茶辨别：正常的金骏眉金毫颜色不会很深，而添加了色素的金骏眉颜色艳丽得不太正常。如若眼睛难以识别，也可用手揉搓干茶，会让手指染上颜色的茶很可能是色素茶。

正常金骏眉的干茶

色素金骏眉的干茶

茶汤识别：冲泡正常金骏眉时茶汤颜色出来较慢，且冲泡后的碗底看不出明显的渍迹。而色素金骏眉水一冲下去颜色很快就显出来了，冲泡后的碗底会有明显的黄色渍迹。

冲泡正常金骏眉后的碗底

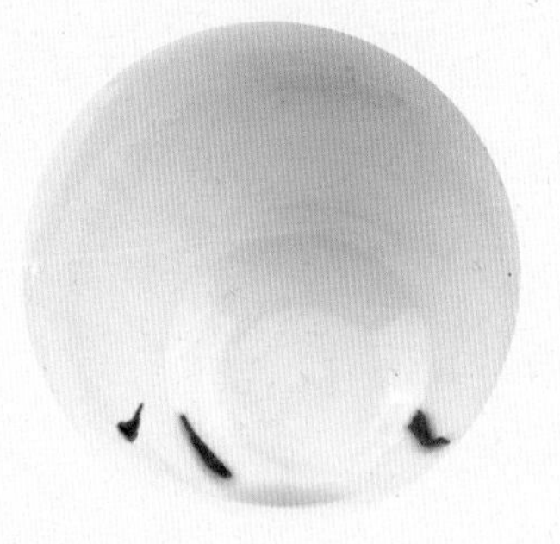

冲泡色素金骏眉后的碗底

格高昂，又有太多人想喝金骏眉，于是各地都开始模仿金骏眉的做法，金骏眉一下从奇货可居到遍地开花。市场出现价格乱象，作为高端红茶的金骏眉单价从百来元到上万元的都有，甚至有些只追求眼前利益的不良茶商把几百元进货的金骏眉以一万多元的价格卖给消费者。一些不法分子为了降低成本牟取暴利，在茶叶加工过程中违规添加色素，卫生质量不合格。2016 年 5 月，国家食药监总局在食品抽检结果中通报，某旗舰店的金骏眉被检测出柠檬黄、日落黄、胭脂红等色素，虽然这些色素都是食品中允许使用的添加剂，但茶叶生产是不允许添加任何香精和色素的。随着国家有关部门加强对茶叶市场的监管，以及消费者辨别茶叶能力的提升，红茶市场越来越规范，价格也日趋合理。

金骏眉商标之争

金骏眉被研发出来后，江元勋既没有及时申请商标注册，也没有对创新工艺进行保密。相反，为了更好地推广金骏眉，他做了很多宣传。为了扩大金骏眉的产量，他还把金骏眉的制作技术介绍给桐木村的其他茶厂。2007 年 2 月和 3 月，武夷山市桐木村有两家茶企先后向商标局提出“金骏眉”商标注册申请，从此拉开了长达 6 年的商标之争的序幕。

最终，由北京市高级人民法院于 2013 年 12 月 12 日作出判决，认定“金骏眉”仅作为商品的通用名称。

这一结果除了给山寨版金骏眉正名，没有赢家。正山茶业公司由于商标申请不及时丧失了本该拥有的知识产权，桐木村人也不能理直气壮地说只有桐木村产的金骏眉是正宗的了，金骏眉更是从顶级红茶的代表沦为一个通用的红茶品种名。在金骏眉商标案定音前，茶商和消费者的共识是正宗的金骏眉应该是用桐木关茶园的单芽为原料来制作的，其他地方生产的都属于山寨版金骏眉，而 2013 年 12 月 12 日金骏眉商标案最终判决后，金骏眉作为通用商品名可以被所有茶叶生产者使用。只有产地之分，再也没有正宗与山寨之分了。

## （五）新工艺开创新天地

金骏眉之所以能在很少人喝红茶的中国快速打开市场，主要是原料和工艺的创新带来了完全不同于传统红茶风味的品质特点。中国的红茶自诞生起就是以出口为主，其品质是欧美等国人所喜欢的，欧美人喝茶绝大部分是调饮，所以喜欢香气和味道浓重的茶；中国人喝茶以清饮为主，中国文化以含蓄为美，馥郁幽雅的花果香和甘醇鲜爽的口感才符合中国人的审美。金骏眉正好是这种风格的红茶，茶商们也很快把握了这种风向，再加上正山茶业公司的技术输出，甘醇爽口的新工艺红茶很快就风靡全国。

金骏眉热度起来前，桐木村生产的都是具有松烟香的正山小种红茶。而今，正山小种分无烟型和有烟型，无烟型又细分为金骏眉、银骏眉、小赤甘、大赤甘、老丛红茶等。福建很多茶区采高香品种为原料，用新工艺制作出花果香浓郁的花香型红茶，受到很多消费者的喜爱。正山茶业公司通过实施“走出去”发展战略，寻求生态环境好且有深厚茶文化底蕴的茶区合作，对优势资源进行整合升级，正山茶业输出技术。目前已开发形成了信阳红、普安红、会稽红、新安红、齐儒红、潇湘红、红安红、古丈红等系列高端产品。

2013年，习近平主席根据全球形势的深刻变化，提出了具有划时代意义的“一带一路”倡议。“一带一路”贯穿欧亚大陆，涵盖了中亚、东南亚、南亚、中东欧、西亚、北非等地域65个国家和地区，而茶是“一带一路”上最具有中国特色和文化底蕴的产品之一。自印度、斯里兰卡、肯尼亚等地的红茶产业大发展后，中国传统红茶在国际市场的地位一落千丈，做出口的企业更是腹背受敌：一方面，出口红茶价格很低；另一方面，国内茶叶生产成本不断增加。随着

各地新工艺红茶

审评各地新工艺红茶

生活条件的改善（主要是饮用水水质的改善）和文化交流的加深，越来越多的国际友人接受并喜欢上了馥郁甘醇的中国茶。总之，“一带一路”大背景为中国的新工艺高端红茶走上国际舞台带来了很好的机遇，中国红茶必将成为国际红茶市场上的闪亮明珠。

# 五

# 正山小种冲泡技艺

## （一）精茶真水妙器之择

精茶、真水、妙器、雅境、美人（指茶艺师）、高艺——此乃茶艺六要素，即泡好一杯茶的六个要素。精茶是指要挑选品质好的茶叶，这是茶艺的核心要素。挑选正山小种可从以下几方面着手。

① 观色。正山小种干茶以乌润为好，汤色以橙黄明亮或橙红明亮为好。

② 闻香。先嗅干茶香，闻起来要纯净，不能有异杂气味，再嗅杯香。传统正山小种有明显的松烟香，无烟型的正山小种则是以花香、果香和甜香为特点。

③ 尝味。好的正山小种味道醇厚，甘润，完全没有苦涩感。

正山小种干茶

俗话说："水为茶之母，器为茶之父。"水质对茶汤的影响很大，故历代茶人对泡茶用水非常讲究。明代茶人张源在《茶录》中说："茶者，水之神也；水者，茶之体也。非真水莫显其神，非精茶莫窥其体。"明代另一茶人张大复将茶与水的关系说得更为透彻，他在《梅花草堂笔记》中说："茶性必发于水。八分之茶，遇十分之水，茶亦十分矣；八分之水，试十分之茶，茶只八分耳。"那么何谓真水呢？

宋徽宗赵佶在《大观茶论》中提出了水之美的标准：水以清、轻、甘、冽为美，后来又有人在此基础上增加了一个"活"字，故泡茶之真水须具备"清、轻、甘、冽、活"五个特点，即水质要清、水体要轻、水味要甘、水温要冽、水源要活。水质清，是指清澈透明；水体轻，是指水中溶解的矿物质要少，矿泉水不适合泡茶，泡茶要用纯净水；水味甘，是指清水喝起来要有清甜之感；水温冽，是指地层深处、深山沟谷之水。择水重要，煮水亦重要。煮水一要掌握好火候，一沸太稚，劲不足，不能充分泡出茶香；三沸太老，水中氧气挥发，不能充分体现茶汤的鲜爽感，故二沸最宜。二要掌握好水温，冲泡正山小种的水温可在90℃以上。

好茶还需妙器配。在茶叶冲泡过程中，泡茶器具的选择是否得当，与茶汤的表现、品茶时的美感享受密切相关。泡茶器具主要包括茶盘、煮水器、茶叶罐、茶则、盖碗或茶壶、公道杯、品茗杯、杯托等。

茶盘是用来放置茶具的，煮水器是用来烧开水的，生活中常用的是随手泡和电磁炉。选择煮水器要注意两个问题，一是材质要符合食品级要求，二是出水口大小要合适，太细水温易凉，太粗难以

茶盘

煮水器（万辉妍供图）

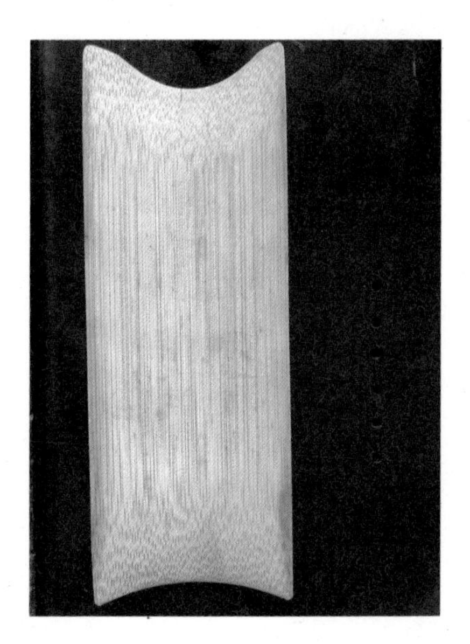

茶则

茶叶罐（万辉妍供图）

把握冲泡水量，容易溢出或溅到桌面上。

茶叶罐是用来盛装茶叶的。在选择茶叶罐时，应选择密封性好，不透光且无异味的。放在茶桌上的茶叶罐宜小不宜大，容量一般不超过 50 克茶叶的量。茶则是用来量取茶叶的，使用时将茶叶罐倾斜，用茶则从里面量取茶叶。取茶时，注意茶叶罐与茶则间相互旋转，使茶叶落在茶则内，以免铲伤茶叶。

盖碗和茶壶是用来冲泡茶叶的容器。冲泡正山小种既可用盖碗，也可用茶壶。从材质上来说，玻璃、瓷、紫砂都可用。泡茶时要根

盖碗（万辉妍供图）

公道杯（万辉妍供图）

紫砂壶（万辉妍供图）

杯托（万辉妍供图）

品茗杯

据盖碗和茶壶的大小来投茶。公道杯是用于出茶汤、分茶的器具，起到均匀茶汤浓度、过滤茶渣的作用；同时，又可以防止茶汤的味道因茶叶浸泡时间过长而变得苦涩；玻璃材质的公道杯还有利于欣赏汤色。品茗杯是用来品茶的小杯，瓷质、玻璃、紫砂等材质的品茗杯都可用于正山小种的品饮。杯托是用来放置品茗杯的，以免茶水弄湿桌面。

## （二）知礼有仪茶艺师

茶叶是茶艺的核心，而茶艺师则是茶艺的灵魂。在茶艺活动中，茶艺师是主体，其他要素均由茶艺师调配，故茶艺师的修养是茶艺

知礼有仪的茶艺师（林婉如供图）

的关键因素。茶艺师不仅要有专业素养，更要有良好的礼仪修养。专业素养要求茶艺师熟悉茶文化，能切实掌握好茶叶的冲泡技能，能翔实地向茶客介绍茶叶。礼仪修养是能否让茶客感受到良好品茗氛围的关键，主要包括个人形象礼仪、日常交际礼仪和茶艺礼仪，具体到茶艺师待人接物的一言一行中。

一个人的仪表形象除先天因素外，主要包括服饰、仪容和仪态。茶艺师的服饰力求简约、舒适、整洁，要便于茶艺操作。仪容主要指容貌，有先天因素，更受后天修饰维护的影响。良好的仪容首先要做到干净整洁，要勤洗澡、洗头、洗脸，定时剃须，定时剪指甲，保持手部卫生，注意口腔卫生，保持头发整洁。其次要化妆适度，化妆要掌握美化、自然、协调（妆面协调、全身协调、身份协调、场合协调）的原则。在中国，茶艺师一般化淡妆，不能喷香水，不能涂抹指甲油。仪态，又称体态，是指人的身体姿态和风度。姿态是身体所表现的样子，风度则是内在气质的外在表现。人们可以通过自己的仪态向他人传递个人的学识与修养，并能够与其交流思想、表达感情。茶艺师的仪态主要从站姿、坐姿、走姿、眼神、微笑、语言等方面来看，要求有以下 5 点。

① 站立时要全身笔直，精神饱满，两眼正视（不能斜视），两肩平齐，两臂自然下垂，两脚跟并拢。

② 坐立时，上身正直而稍向前倾，头、肩平正，两臂贴身下垂，两脚平行自然着地。

③ 行走时要挺胸收腹，腰背挺直，两臂以身体为中心，前后自然摆动，步伐要稳重。

④ 在泡茶时，眼神要认真关注手上的动作。与宾客交谈时，眼神要真诚地注视客人。

⑤ 泡茶时面带平和真诚的微笑，给人以安静、幸福之感。

⑥ 茶艺师在给客人介绍茶品时应把握好音量和语速，要吐字清晰，要礼貌用语，要认真倾听客人所讲。

中国茶艺源远流长，在长期的茶艺活动中逐步形成了不少带有寓意的礼节。如冲泡时的“凤凰三点头”，即手提水壶由高至低反复三次，寓意是向客人三鞠躬以示欢迎。茶壶放置时壶嘴不能正对客人，否则表示请客人离开。回转斟水、斟茶、烫壶等动作，右手必须逆时针方向回转，左手则以顺时针方向回转，表示招手“来！来！来！”之意，欢迎客人来观看；若相反方向操作则表示挥手“去！去！去！”之意。有杯柄的茶杯在奉茶时要将杯柄放置在客人的右手面，所敬茶点要考虑取食方便。

## （三）境雅茶香入心间

鲁迅先生在《喝茶》一文中说，好茶也需在静坐无为时才能品得出味，可见细品好茶需要清静幽雅的环境、闲适的心境。品茶环境包括室外环境和室内环境。室外环境指茶室周围的环境，也可指野外品茶时的环境，追求林泉幽逸、宁静安谧。唐代诗人灵一的《与元居士青山潭饮茶》描述了一幅美妙的室外品茗图，诗曰：

野泉烟火白云间，
坐饮香茶爱此山。
岩下维舟不忍去，
青溪流水暮潺潺。

明代罗廪在《茶解》中如此描述：山堂夜坐，汲泉烹茗。至水火相战，如听松涛。倾泻入瓯，清芬满杯，银光潋滟。此时幽趣，固难与俗人言矣。在这种环境下品茶，茶成为了人与自然最好的沟通媒介，使尘心涤净，物我相忘，天人合一。

茶室室内环境应简洁干净，装饰要典雅，格调要高雅，切忌富

文征明茶画《品茶图》

丽堂皇，落入俗套，书画作品、古琴、古筝、瓷器、古典插花等是茶室最好的装饰品。明代雅士陈继儒在《小窗幽记》中用寥寥数语将一个高雅的品茗环境跃然纸上：净几明窗，一轴画，一囊琴，一只鹤，一瓯茶，一炉香，一部法帖；小园幽径，几丛花，几群鸟，几区亭，几拳石，几池水，几片闲云。

心境是指品茶时的心情。明代冯可宾在《岕茶笺·茶宜》中提出了十三项品茶的要求：一是无事，二是佳客，三是幽坐，四是吟咏，五是挥翰，六是徜徉，七是睡起，八是宿醒，九是清供，十是精舍，十一是会心，十二是赏鉴，十三是文僮。这十三项中的“无事”和“幽坐”直接指心境。“无事”不仅是手头无事，更是心中无事。“幽坐”指心地安逸，环境幽雅。“佳客”“会心”和“文僮”则与心境间接相关，可达到主宾和谐、气氛融洽的品茗效果。所以，我们品茶时应放下一切，专心于茶，才能品出茶之真味，这也是对人对己、对茶、对自然最好的尊重与珍惜。

户外茶会（郑慕蓉供图）

桐木山水茶席（傅娟供图）

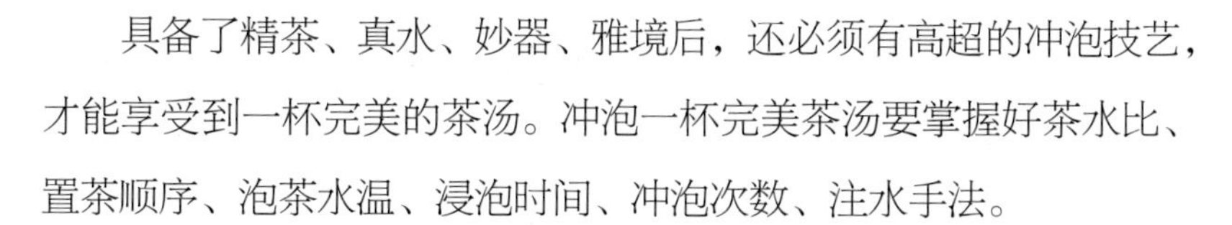

## （四）冲泡技艺有讲究

具备了精茶、真水、妙器、雅境后，还必须有高超的冲泡技艺，才能享受到一杯完美的茶汤。冲泡一杯完美茶汤要掌握好茶水比、置茶顺序、泡茶水温、浸泡时间、冲泡次数、注水手法。

茶水比是指投茶量（克）与冲泡水量（毫升）之比。正山小种的茶水比以 1 克：（50—80）毫升为宜。茶过少茶味寡淡，过多则茶味苦涩。

置茶顺序指茶与水投入杯中的顺序。先投茶再注水，称为下投法；先注水再投茶，称为上投法；注部分水后投茶再注水，称为中投法。绿茶可依据外形和内质特点选择置茶顺序，而冲泡正山小种一般采用下投法。

泡茶水温的高低取决于茶叶的嫩度和茶类。细嫩的名优绿茶不能用太高温度的水冲泡，否则茶芽烫熟，鲜爽度降低。冲泡正山小种可用 90℃以上的水，金骏眉和银骏眉等原料细嫩的茶用 90—95℃的水冲泡，小赤甘、大赤甘和传统正山小种用沸水冲泡。

浸泡时间对茶汤浓度影响很大，与茶水比有密切关系。一般来说，大杯茶可以适当减少投茶量，延长浸泡时间，如 2 克茶叶 150 毫升水可浸泡 2 分钟后再喝；而用工夫茶泡法时可以适当增加投茶量，短时多次冲泡，如 3—5 克茶叶 150 毫升水可冲泡 3—5 次，每次浸泡时间分别为 30 秒、40 秒、50 秒、65 秒、90 秒。

注水手法是指水注入茶壶（或盖杯）的方式。其通过水的冲击力大小、水与茶的接触点来影响茶汤质感，可从执壶高低、水流粗细和注水点这三个方面来考量。注水手法对茶汤质感很重要，却又最容易被忽略。水流从高处直接击打在茶叶上时，茶叶受到的冲击力大，泡出的茶汤刺激性较大；水流从茶壶边缘缓慢注入，不直接击打在茶叶上时，泡出的茶汤柔和，适口性好。常用的注水方式有单边定点注水、环绕式注水和螺旋式注水等。

① 单边定点注水。冲水时，壶嘴低就，往茶壶（茶杯、盖碗）边缘一个固定的点注水，适合需要出汤很快的茶或碎茶。

② 环绕式注水。让水流环绕茶壶（茶杯、盖碗）的边缘 1–2 圈，

① 单边定点注水　② 环绕式注水
③ 螺旋式注水　④ 中间定点注水（毕焕分供图）

适合嫩度高的绿茶和红茶。

③ 螺旋式注水。从容器的中间开始注水，然后环绕着茶壶（茶杯、盖碗）的边缘一圈，回旋冲水，最后回到中间位置，适合冲泡白茶和紧压型茶。

一般来说，茶叶在刚开始冲泡时适宜用单边定点法；冲泡多次之后，茶汤滋味变淡，改用螺旋式或中间定点法注水，更有利于激发茶味。不论哪种注水手法都忌快忌急。如注水速度过快，冲出的茶汤融合性不高，茶味与水味是分离的，滋味和香气也不协调。

## （五）正山小种茶艺鉴赏

正山小种既可清饮也可调饮，清饮追求的是红茶的真香本味，其茶艺展示的是高雅格调；调饮感受的是红茶的兼容性和调配后的丰富性，其茶艺展示了优雅浪漫的风格。

以下以正山堂金骏眉茶艺表演为例，介绍正山小种清饮茶艺。以武夷学院奶茶茶艺表演为例，介绍正山小种调饮茶艺。

### 正山堂金骏眉茶艺表演

茶具配置：茶席布、盖杯、公道杯、品茗杯、茶荷、茶罐、茶洗、煮水壶、盖置、茶巾、花插等。可根据个人的喜好及茶叶特质选择主泡器的色彩，其他用具与之相协调匹配，一般以朴素淡雅者为佳。各种茶具按一定的位置合理放置，要求便于冲泡、观赏、品尝。

焚香

## 第一道：恭请嘉宾，焚香静气

“一杯春露暂留客，两腋清风几欲仙。”中华民族自古“客来敬茶”，沿袭至今，成为了优良的传统。焚香静气，茶友在这芬芳的馨香里，回归自然，唤醒心中最真实的感受。

## 第二道：妙曲轻歌，活煮甘泉

品茶是精神享受，一曲轻歌能使品茗者进入高雅的精神境界。活煮甘泉，即用旺火来煮沸壶中的山泉水。

若琛出浴

## 第三道：初探白瓯，若琛出浴

初探白瓯，即烫洗白瓷盖碗，使之温度提高。若琛出浴，即烫洗茶杯。若琛为清初景德镇制瓷名匠，以善制茶杯而名，后人就把名杯喻为若琛。山泉之灵性第一次与白瓯之皎洁邂逅，让茶多了一份初见的美好。

迎骏入宫

## 第四道：目睹雄姿，迎骏入宫

正山堂金骏眉因条索紧秀，微

带弯曲，有骏马奔腾之势。目睹雄姿是让大家欣赏正山堂金骏眉干茶的条形，感受其品质特征。迎骏入宫，即将正山堂金骏眉送入盖碗内。骏，马也，在这里喻指金骏眉。

徐徐注水

第五道：徐徐注水，骏眉初展

徐徐注水，即沿盖碗注水进行醒茶。正山堂金骏眉做工精细，注水后茶叶舒展开来，称为骏眉初展。

第六道：玉液回壶，水绕茶香

将泡出的茶水倒入公道杯，称为玉液回壶，目的是使茶水里的所有成分可以在公道杯中交融静置，让茶的香味与气韵处于最和谐的状态。

玉液回壶

第七道：一江春水，点石成金

“一江”，暗喻正山堂江氏家族。一江春水是指将茶汤快速而均匀地依次注入茶杯。斟茶到最后改为点斟，将茶水均匀地依次倒入品茗杯中。这个动作被形象地称为点石成金，象征着向嘉宾行礼致敬。

一江春水

敬茶

### 第八道：捧杯敬茶，众手传盅

捧杯敬茶，先是向右侧的第一位客人行注目点头礼后把茶传给他，并依次将茶传给下一位客人。通过捧杯敬茶，众手传盅，让这一杯茶融入大家的心田，使气氛更为温馨、融洽。

鉴赏金圈

### 第九道：三龙护鼎，鉴赏金圈

三龙护鼎，即用拇指、食指扶杯，中指托住杯底。三根手指喻为三龙，茶杯如鼎，这样的端杯姿势称为三龙护鼎。端起茶杯后，认真鉴赏正山堂金骏眉的茶汤颜色，其汤色金黄，清澈有金圈。

喜闻花香

### 第十道：喜闻花香，一试佳茗

“欲访踏歌云外客，注烹仙掌露花香。”观色闻香之后，开始品茶之味。正山堂金骏眉是当代中国顶级红茶品质的象征，是公认的佳茗。

### 第十一道：再注甘露，封瓯流香

在盖碗中注入沸水，让正山堂金骏眉的香气在盖碗中流连穿梭。

再注甘露

### 第十二道：再斟流霞，二探花香

即斟第二道茶。流霞即仙酒，唐李商隐有“只得流霞泛一杯”的诗句，喻茶若仙酒。正山堂金骏眉经过第二次的冲泡，水、香、味似果、蜜、花之综合香型，更添韵味。

再斟流霞

### 第十三道：啜玉含珠，喉底留甘

啜玉含珠，是范仲淹《斗茶歌》中的诗句。在这里是指品饮正山堂金骏眉宜小口品啜，徐徐咽下，顿觉满嘴生津，齿颊留香。

啜玉含珠

### 第十四道：寻香探味，沁人心脾

轻闻杯底，正山堂金骏眉杯香持久、沁人心脾，仿佛使人置身于森林幽谷之中。

寻香探味

### 第十五道：君子之交，水清意远

古人云“君子之交淡如水”，而那淡中之味恰似在饮茶之后喝一口白开水，缓缓咽下，回味红茶的甘甜饱满，领悟平淡是真的意境。

生活本色

### 第十六道：骏马驰骋，生活本色

骏马驰骋即观赏叶底，有骏马驰骋之势。让客人观看正山堂金骏眉芽头的原形，回到茶的自然状态。

### 第十七道：再赏余韵，俭清和静

正山堂金骏眉可以连泡12次，口感饱满甘甜，芽尖鲜活，秀挺亮丽。必须静心地去感悟，才能进入“神游三山去，何似在人间”的妙境，让人在宁静中放下尘世，放下自我，去尝试和自己的内心对话，去感受俭、清、和、静。

谢茶

### 第十八道：宾主起立，尽杯谢茶

正山小种早在清代就誉满欧美，尤为英国皇室所珍爱，英国人云：“凡以武夷茶待客者，客必起立致敬。”尽杯谢茶，就是茶客起身喝尽杯中之茶，以谢茶人栽制佳茗之恩惠。

武夷学院奶茶茶艺表演

主题：邂逅

茶具配置：茶席布、茶壶、欧式茶杯、烧水壶、奶盅、水盂、茶荷、茶匙、糖罐、小匙、茶巾、奉茶盘、茶点盘。

第一道：烫具静心

素手执壶用沸水烫洗本就洁净的茶具，表达对客人的敬意，让心情也在这慢慢烫洗的过程中静下来，放下一切尘俗之事，一心期待正山小种与鲜奶的浪漫邂逅，静心享受这杯茶。

烫具静心

第二道：温热鲜奶

将鲜奶倒入奶盅，放入装有沸水的茶洗中，缓缓温热鲜奶，让洁白的鲜奶变得更温润。洁白的鲜奶静静在奶盅里温热，仿若谦谦君子耐心等候佳人。

第三道：赏群芳最

17 世纪时英国著名诗人为凯

纤手播芳

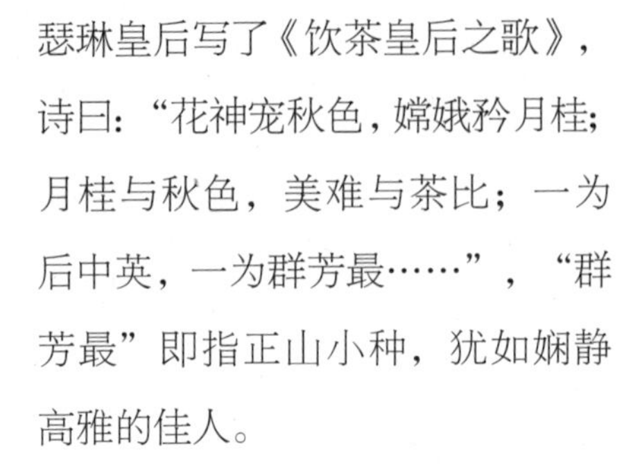

瑟琳皇后写了《饮茶皇后之歌》，诗曰：“花神宠秋色，嫦娥矜月桂；月桂与秋色，美难与茶比；一为后中英，一为群芳最……”，“群芳最”即指正山小种，犹如娴静高雅的佳人。

第四道：纤手播芳

纤纤素手轻轻拨动茶匙，将“群芳最”——正山小种红茶慢慢投入茶壶中。

玉泉高冲

第五道：玉泉高冲

正山小种遇上沸水的热情，慢慢绽放她的美丽。

第六道：瓯里蕴香

最美丽的相遇是需要等待的，给正山小种足够的时间，让她在沸水中充分释放自己的魅力。红艳的汤色、迷人的香气是正山小种释放出的最美气韵，期待着与谦谦君子的邂逅。

瓯里蕴香

### 第七道：注奶入杯

夹一块方糖放入茶杯中，将温热好的鲜奶注入茶杯中，散发出浓浓的奶香。谦谦君子即将邂逅佳人。

加糖

### 第八道：邂逅相遇

“有美一人，清扬婉兮。邂逅相遇，适我愿兮。野有蔓草，零露瀼瀼。有美一人，婉如清扬。邂逅相遇，与子偕臧。”将红艳的茶汤注入盛奶的杯中，谦谦君子和娴静高雅的佳人终于相遇，一切都是如此美好。

注奶入杯

### 第九道：礼敬宾客

将这杯美好的奶茶敬奉给客人，一起感受才子佳人邂逅的浪漫，相遇的美丽。

邂逅相遇

### 第十道：茶乳交融

用小汤匙轻轻搅动杯中的奶茶，使茶的甘醇和鲜奶的丝滑充分融合，象征着才子佳人“你中有我，我中有你”的浪漫情怀。

礼敬宾客

茶乳交融

### 第十一道：闻香观色

端起茶杯，红艳的茶汤与洁白的鲜奶调出了绚丽的姜黄色，温暖入心。

闻香观色

### 第十二道：品味丝滑

丝滑入口，茶的醇香和奶香弥漫于唇齿间，仿佛感受到了才子佳人的幸福生活。

### 第十三道：感恩相遇

感恩正山小种与鲜奶的邂逅带来的美丽，感恩今天美好的相遇。愿生活如今天这杯奶茶般丝滑甘甜。

品味丝滑

# 六

# 正山小种鉴赏之功夫

## （一）武夷红茶分类

自明末清初至今，正山小种走过了400多年的风风雨雨。因惊艳英国人而风靡全球，辉煌了100多年。19世纪下半叶，正山小种的茶种和制作技术被英国东印度公司窃取并传播到印度，印度因此成了新兴的红茶大国，加之中国连年战乱，民不聊生，正山小种逐渐衰落。所幸进入21世纪后，传承与创新的完美结合让正山小种重获春天。正山小种的诞生惊艳了欧美人，产生了正山小种、小种和烟小种等类别，而重获春天的正山小种在祖国大地绚丽绽放，产生了符合中国人口感的金骏眉、银骏眉、赤甘等类别。

2015年6月，福建省质量技术监督局发布福建省地方标准《地理标志产品 武夷红茶》（DB35/T1228—2015），此标准将武夷红茶分为正山小种、小种、烟小种和奇红，并明确了各品类的定义。

武夷红茶：指在独特的武夷山自然生态环境下，选用适宜的茶树品种进行繁育和栽培，用独特的加工工艺制作而成，具有独特韵味、花果香味或桂圆干香味品质特征的红茶。

正山小种：指采用有性繁殖的武夷菜茶的芽叶，经传统加工工艺制作而成的红茶。

小种：指采用无性繁殖的武夷小叶种的芽叶，经传统加工工艺制作而成的红茶。

烟小种：指小叶种红茶的初制产品经松柴熏焙后制作而成的红茶，又称人工小种。

奇红：指采用适宜的茶树品种芽叶，经独特加工工艺制作而成的金骏眉等系列红茶。

## （二）武夷红茶感官品质

品茶就是用感觉器官来感知茶叶的色、香、味、形，眼观茶叶形状、颜色之美，耳听水音茶语之美，鼻嗅茶之馨香，口尝茶之甘美，致身心舒畅，意境高雅。品茶是有章可循的，依章法品茶才能更好地领略茶之美。

武夷红茶应具有正常的色香味，不得含有非茶类物质和任何添加剂，无异味，无劣变，各类产品还应符合相应的感官品质要求。

正山小种感官品质

| 项目 | | 级别 | | |
|---|---|---|---|---|
| | | 特级 | 一级 | 二级 |
| 外形 | 条索 | 紧实 | 较紧实 | 尚紧实 |
| | 色泽 | 乌润 | 较乌润 | 尚乌润 |
| | 整碎 | 匀整 | 较匀整 | 尚匀整 |
| | 净度 | 净 | 较净 | 尚净 |
| 内质 | 香气 | 浓纯、桂圆干香明显 | 甜纯、桂圆干香较显 | 纯正、桂圆干香尚显 |
| | 滋味 | 醇厚甜爽、高山韵显、桂圆汤味明 | 较醇厚、高山韵较显、桂圆汤味较明 | 纯正、桂圆汤味尚显 |
| | 汤色 | 橙红、明亮清澈 | 橙红、较明亮 | 橙红、欠亮 |
| | 叶底 | 匀齐、柔软、呈古铜色 | 较匀齐、古铜色稍暗 | 暗杂 |

正山小种各等级干茶

正山小种各等级茶汤

正山小种各等级叶底

## 小种感官品质

| 项目 | | 级别 | | |
|---|---|---|---|---|
| | | 特级 | 一级 | 二级 |
| 外形 | 条索 | 紧实 | 较紧实 | 尚紧实 |
| | 色泽 | 乌润 | 乌尚润 | 尚乌润 |
| | 整碎 | 匀整 | 较匀整 | 尚匀整 |
| | 净度 | 净 | 较净 | 尚净 |
| 内质 | 香气 | 甜香、松烟香显 | 有甜香、松烟香尚显 | 松烟香略显 |
| | 滋味 | 甜醇 | 较甜醇 | 尚甜醇 |
| | 汤色 | 橙红、明亮 | 橙红、尚亮 | 红、欠亮 |
| | 叶底 | 红亮、匀齐 | 尚红亮、较匀齐 | 红暗、稍花杂 |

## 烟小种感官品质

| 项目 | | 级别 | | |
|---|---|---|---|---|
| | | 特级 | 一级 | 二级 |
| 外形 | 条索 | 紧结 | 较紧结 | 尚紧结 |
| | 色泽 | 乌黑油润 | 乌黑较油润 | 黑稍带花杂 |
| | 整碎 | 匀整 | 较匀整 | 尚匀整 |
| | 净度 | 净 | 较净 | 尚净带梗 |
| 内质 | 香气 | 松烟香浓 | 松烟香尚浓 | 平和略有松烟香 |
| | 滋味 | 浓醇 | 较醇和 | 尚醇和 |
| | 汤色 | 浓红较明亮 | 红欠亮 | 暗红 |
| | 叶底 | 匀齐、较红亮 | 较红亮、稍有摊张 | 较粗老、花杂 |

烟小种各等级干茶

烟小种各等级茶汤

烟小种各等级叶底

## 奇红感官品质

| 项目 | | 级别 | | |
|---|---|---|---|---|
| | | 特级 | 一级 | 二级 |
| 外形 | 条索 | 单芽细嫩 | 较紧细、有锋苗 | 较紧实、稍有锋苗 |
| | 色泽 | 乌褐润 | 乌润 | 乌较润 |
| | 整碎 | 匀齐 | 匀齐 | 较匀整 |
| | 净度 | 净 | 净 | 较净 |
| 内质 | 香气 | 花果香、蜜香显 | 花果香较显 | 稍有花果香 |
| | 滋味 | 甜醇、甘滑、鲜爽 | 浓醇、甜爽 | 较浓醇 |
| | 汤色 | 橙黄、明亮清澈 | 橙黄、较明亮 | 橙红、较明亮 |
| | 叶底 | 嫩红、匀亮 | 较匀嫩、红较亮 | 较匀齐、尚红亮 |

奇红各等级原料（从左至右依次为奇红特级、一级、二级的原料，最右边为正山小种的原料）

奇红各等级干茶

奇红各等级茶汤

奇红各等级叶底

奇红特级为金骏眉，2008年国家茶叶检验检测中心名誉主任、研究员、高级评茶师骆少君女士组织叶兴渭、赵玉香、祖耕荣、吕毅、修明等多位高级评茶师对正山茶业有限公司的金骏眉进行评审鉴定，感官评审结果见下表。

金骏眉感官评审意见

| 茶样名称 | 评审意见 | | | | | |
|---|---|---|---|---|---|---|
| | 形状 | 色泽 | 香气 | 滋味 | 汤色 | 叶底 |
| 金骏眉 | 芽毫密布、条索紧细、隽茂、重实 | 金、黄、黑相间，色润 | 复合型花果香、桂圆干香、高山韵香明显，且有红薯香 | 滋味醇厚、甘甜爽滑、高山韵味持久、桂圆味浓厚 | 汤色金黄、浓郁、清澈、有金圈 | 呈金针状、匀整、隽拔、叶色呈古铜色 |

正山金骏眉干茶

外山（低海拔）金骏眉干茶

正山金骏眉多次冲泡汤色

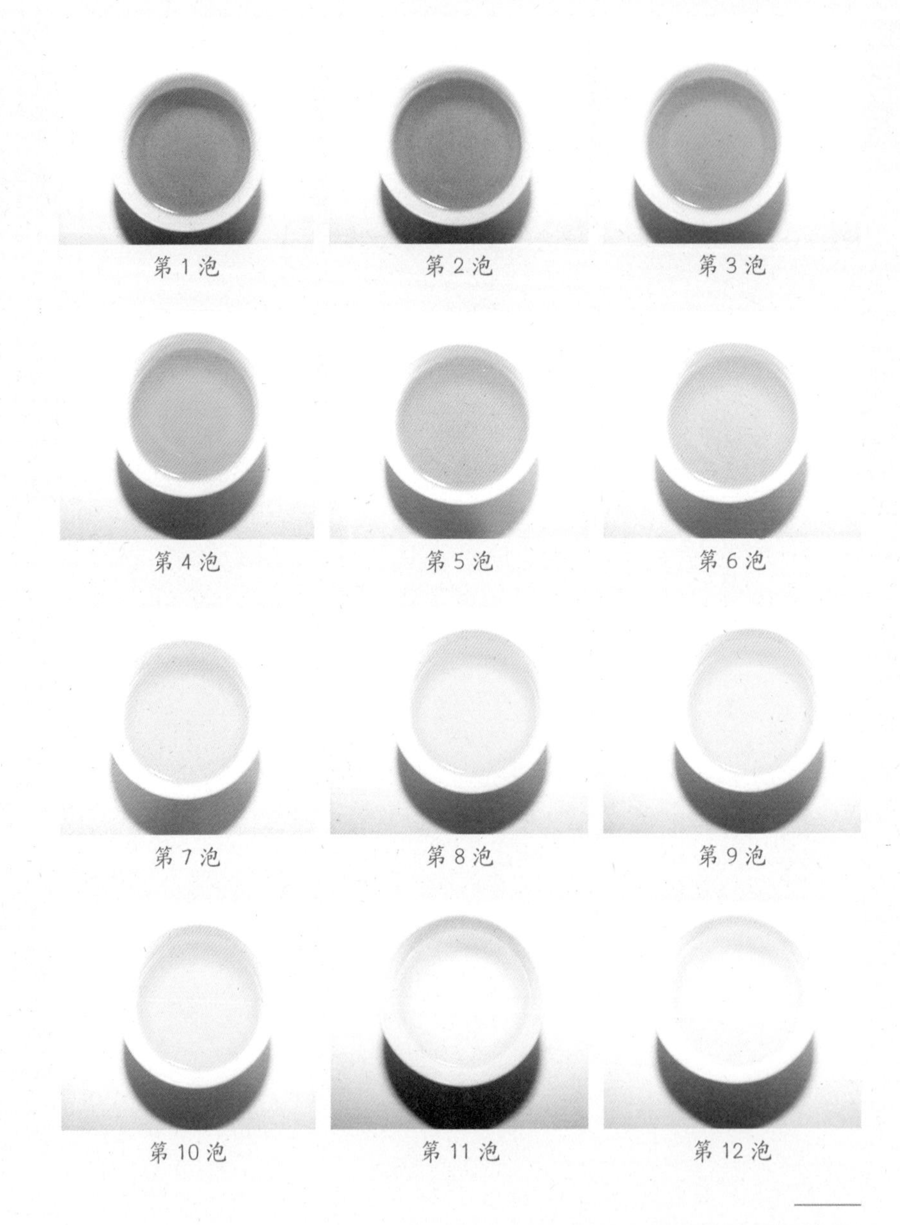


外山金骏眉（低海拔）多次冲泡汤色

小贴士

### 正山金骏眉的鉴别

正山金骏眉优异的品质源于自然保护区优良的生态环境，其原料具有稀缺性，故价格高。制作工艺可以模仿，而自然生态环境是无法模仿的，外山（低海拔）金骏眉因为原料来源广泛，价格也低，但品质与正山金骏眉的差异较大，可从干茶和冲泡之后的香气、汤色、滋味等方面来鉴别。

正山金骏眉干茶芽头肥壮重实，颜色黄黑相间，略有灰白毫；外山金骏眉干茶重实度较差，金毫很多，有的甚至满披金毫，看不到乌润的茶条。冲泡后，正山金骏眉有明显的花果蜜香，滋味清甜度高、醇厚度好，耐冲泡，可冲泡12道以上，汤色基本保持不变；外山金骏眉香气较低，有花香，但一般无蜜香，滋味也较淡，耐泡性较差，汤色从第一泡开始逐渐变浅，颜色变化很明显。

## （三）正山小种鉴赏要诀

正山小种的鉴赏可分为生活品饮鉴赏和专业品评两类，两者在冲泡方式上有较大区别，但在鉴赏要点上大同小异。

清澈明亮的茶汤

暗淡浑浊的茶汤

鉴赏要点

茶叶鉴赏可从干茶外形、香气、汤色、滋味和叶底这五个方面来分析茶叶品质的优劣。外形从形状、色泽、匀整度和净度来鉴赏。

正山小种为长条形，以紧结、重实、圆浑的条索为好，粗松轻飘者为差。干茶色泽以乌黑油润为好，暗淡无光者为差。品质好的茶匀整度和净度都好。汤色从茶汤颜色、明亮度和清澈度等方面来鉴赏。生活冲泡法的正山小种茶汤颜色呈金黄或橙黄色，品质好的正山小种汤色清澈明亮，品质差者汤色浑浊欠亮。

香气鉴赏包括纯异、高低、香型、长短等方面。香气纯指茶香正常，异气是指茶香不纯或沾染了外来气味，如焦、酸、馊、霉及其他异气，茶叶一旦出现异气则为低劣品。上等金骏眉若在贮运过程中不小心沾染上腥气或发生霉变，也只能沦为低劣品，不堪饮用了。香气高低可从浓、鲜、清、纯、平、粗等方面来区别。浓指香气高，入鼻充沛有活力，刺激性强；鲜犹如呼吸新鲜空气，有醒神爽快感；

清则清爽新鲜，其刺激性不强；纯指香气一般，无粗杂异味；平指香气平淡，但无异杂气味；粗则感觉有老叶粗辛气。正山小种香型有松烟香、花香、果香、甜香、蜜香等，松烟香是传统正山小种之香气特点，金骏眉、银骏眉、赤甘等奇红则无松烟香。香气长短指香气的持久程度。经多次冲泡或从热嗅到冷嗅都能嗅到香气，表明香气长；反之，则短。香气持久者为优，香气短者为劣。

滋味是茶叶品质非常重要的方面，鉴赏滋味先要区别是否纯正。纯正，一方面要求没有异味（如酸、馊、霉、焦味等），另一方面要求没有苦味和涩味。在辨别有无苦涩味时要注意苦涩感出现在口腔的时间和部位。茶汤刚入口时体会到的苦涩感不能称为苦涩味，这是茶味有一定浓度的正常刺激性的表现，咽下茶汤后，若舌根有苦感、口腔两颊和上颚有涩感，就说明茶汤有苦涩味，是不好的表现。入口时有一定苦涩感，咽下后喉咙发甜或舌底生津，这是茶汤浓醇厚爽的表现，是优质茶汤。然后在纯正的基础上感受茶汤的浓淡、强弱、厚薄、鲜、爽、醇、和等方面。浓指浸出的内含物丰富，有黏厚的感觉；淡则相反，内含物少，茶味不明显。强指茶汤吮入口中感到刺激性或收敛性强，吐出或咽下茶汤一定时间内味感增强；弱则相反，入口刺激性弱，吐出或咽下茶汤口中味平淡。厚指咽下茶汤后口腔有充实饱满的感觉；薄则相反，咽下茶汤后口腔空，好比喝寡淡无味的水。

冲泡后的茶叶称为叶底。鉴赏叶底从原料嫩度、色泽和均匀性来看，上等金骏眉叶底应是肥壮匀嫩的单芽，呈古铜色，肥厚柔软。传统正山小种的叶底少芽多叶，嫩度中等，色红稍带青，柔软厚实。

古铜色金针状叶底

红茶感官审评杯、碗（傅娟供图）

把盘看外形（傅娟供图）

## 专业品评方法

依 GB/T 20773—2018《茶叶感官审评方法》，正山小种专业审评用具有审评盘、审评杯（柱形、白瓷、容量 150 毫升）、审评碗。具体的审评程序为：把盘看外形—开汤—嗅香气—看汤色—尝滋味—评叶底。

把盘：俗称摇样匾或摇样盘，是审评干茶外形的首要操作步骤。审评干茶外形，依靠视觉、触觉而鉴定。扦取样茶 200—250 克于审评盘中，一手握住审评盘的缺角处，另一手握住其对角线的角，作前后左右的回旋转动，使样盘里的茶叶均匀地按轻重、大小、长短、粗细等不同有次序地分布。茶叶在审评盘中分出上中下三个层次。一般来说，比较粗长轻飘的茶叶浮在表面，叫面装茶，或称上段茶；细紧重实的集中于中层，叫中段茶，俗称腰档或肚货；体小的碎茶和片末沉积于底层，叫下身茶，或称下段茶。审评外形时，先看面装，再看下身，最后看中段。看面装茶和下身茶判断茶叶的匀整度和净度，看中段茶时用手抓起一把，看其条索和色泽，并权衡身骨的轻重。

称样（傅娟供图）

开汤：俗称泡茶或沏茶，为湿评内质重要步骤。开汤前应先将审评杯、碗洗净擦干，整齐排列在湿评台上。称取正山小种样茶 3 克投入审评杯内，杯盖放入审评碗内，然后以沸水冲泡满杯，泡水量应齐杯口。冲泡第一杯起计时，随泡随加杯盖，5 分钟时按冲泡次序将杯内茶汤滤入审评碗内。倒茶汤时，杯应卧搁在碗口上，杯中残余茶汁应完全滤尽。开汤后应先嗅香气，

冲泡（傅娟供图）

出汤（傅娟供图）

嗅香气（傅娟供图）

快看汤色，再尝滋味，后评叶底。

嗅香气：香气是依靠嗅觉而辨别。嗅香气应一手拿住已倒出茶汤的审评杯，另一手半揭开杯盖，靠近杯沿用鼻轻嗅或深嗅，也可将整个鼻部深入杯内接近叶底，以增加嗅感。为了正确判别香气的类型、高低和长短，嗅时应重复一两次，但每次嗅的时间不宜过久，一般是3秒左右。因嗅觉易疲劳，嗅香过久，嗅觉失去灵敏感。嗅香气应以热嗅、温嗅、冷嗅相结合进行。热嗅重点是辨别香气正常与否及高低，但因茶汤刚倒出来，杯中蒸汽分子运动很强烈，嗅觉神经受到烫的刺激，敏感性受到一定的影响。因此，辨别香气的优次和香型，还是以温嗅为宜，准确性较大。冷嗅主要是了解茶叶香气的持久程度，或者在评比当中有两种茶的香气在温嗅时不相上下，可根据冷嗅的余香程度来加以区别。凡一次审评若干杯茶叶香气时，为了区别各杯茶的香气，嗅评后分出香气的高低，可把审评杯作前后移动。一般将香气好的往前推，次的往后摆，此项操作称为香气排队。审评香气时还应避免外界因素的干扰，如抽烟、擦香脂、香皂洗手等都会影响香气鉴别的准确性。

看汤色（傅娟供图）

看汤色：汤色靠视觉审评。因茶汤中的成分和空气接触后很容易发生变化，所以审评汤色要及时。汤色易受光线强弱，茶碗规格、容量多少、排列位置，沉淀物多少，冲泡时间长短等各种外因的影响，故审评汤色一定要在尝滋味前。冬季评茶，汤色随汤温下降逐渐变深，浓度大的茶汤还可能出现冷后浑。如茶汤混入茶渣残叶，应用网丝匙捞出，用茶匙在碗里打一圆圈，使沉淀物旋集于碗中央，然后开始审评。按汤色性质及深浅、明暗、清浊等评比优次。

尝滋味：滋味是由味觉器官来区别的。味觉感受器是满布舌面上的味蕾，舌头各部分的味蕾对不同味感的感受能力不同。舌尖最易为

尝滋味（傅娟供图）

甜味所兴奋，舌的两侧前部最易感觉咸味，而两侧后部为酸味所兴奋，舌心对鲜味涩味最敏感，近舌根部位则易被苦味所兴奋。审评滋味时茶汤温度要适宜，一般以 50℃左右较符合评味要求。如茶汤太烫时评味，味觉受强烈刺激而麻木，影响正常评味。如茶汤温度低了，味觉受两方面因素影响，一是味觉灵敏度变差，二是随着汤温下降，与滋味有关的溶解在热汤中的物质逐步被析出，汤味变为不协调。评茶味时用瓷质汤匙从审评碗中取一浅匙吮入口内，由于舌的不同部位对滋味的感觉不同，因此茶汤入口后须在舌头上循环滚动，才能正确地较全面地辨别滋味。评审时按浓淡、强弱、鲜滞及纯异等评定优次。尝滋味时能在口腔感受到茶汤有明显香气（即水香）是好茶的表现。为了正确评味，在审评前最好不吃有强烈刺激味觉的食物，如辣椒、葱、蒜、糖果等，也不宜吸烟，以保持味觉和嗅觉的灵敏度。

评叶底：评叶底主要靠视觉和触觉来判别，根据叶底的老嫩、匀杂、整碎、色泽和开展与否等来评定优次，同时还应注意有无其他杂质。评叶底是将杯中冲泡过的茶叶倒入白色搪瓷漂盘里或放入审评盖的反面，观察其嫩度、匀度和色泽的优次。倒时要注意把黏在杯壁、杯底和杯盖的细碎茶叶倒干净。如感到不够明显，可用漂盘加清水漂叶，使叶张漂在水中，以便观察分析。评叶底时，要充分发挥眼睛和手指的作用。手指按揿叶底的软硬、厚薄等，再看芽头和嫩叶含量、叶张卷摊、光糙、色泽及均匀度等，以区别好坏。

评叶底（傅娟供图）

茶叶品质审评一般通过上述干茶外形和汤色、香气、滋味、叶底五个项目的综合观察，才能正确评定品质优次和等级，以及价格的高低。实践证明，每一项目的审评不能单独反映出整个品质，但茶叶各个品质项目又不是单独形成和孤立存在的，相互之间有密切的相关性，因此综合审评结果时，每个审评项目之间应作仔细比较再下结论。

## 红茶审评术语

评茶术语是茶叶技术人员为了表达茶叶品质所制定的有特定含义的一系列词语。2017 年 11 月中华人民共和国国家质量监督检验检疫总局和中国国家标准化管理委员会发布了《茶叶感官审评术语标准》（GB/T14487—2017）。但我国茶类多，花色品种丰富，各类茶的品质又因受诸多因素影响，等级和品质状况错综复杂，标准评语也难以非常完整地描述各茶的品质特点。本书现将红茶的感官审评术语列出，供品评正山小种时选用。

### 外形评语

细嫩：芽叶细小柔嫩。

细紧：条索细，紧卷完整。

细长：细紧匀齐，形态秀丽。

挺秀：茶叶细嫩，造型好，秀美。

挺秀

肥嫩

肥嫩：芽叶肥壮。

紧结：茶条紧卷而重实。

紧实：茶条紧卷，身骨较重实。

粗壮：茶条粗大而壮实。

显毫：有茸毛的茶条比例高。

锋苗：芽叶细嫩，紧结有锐度。

毫尖：金黄色茸毫的嫩芽。

重实：身骨重，茶在手中有沉重感。

轻飘：身骨轻，茶在手中分量很轻。

乌润：乌黑而有光泽，有活力。

乌黑：色泽乌黑，光泽度略差，稍有活力。

褐黑：乌中带褐，有光泽。

枯暗：枯燥，反光差。

匀整/匀齐/匀称：上中下三段茶的粗细、长短、大小较一致，比例适当。

洁净：不含茶梗朴片及其他夹杂物。

香气评语

鲜甜:鲜爽带甜感。

高甜:高而带甜感。

甜和:香气纯和虽不高,但有甜感。

高锐:香气鲜锐,高而持久。

花香：似鲜花的香气，新鲜悦鼻。

花蜜香：花香中有蜜糖香味。

地域香：特殊地域、土质栽培的茶树，其鲜叶加工后会产生特有的香气，如高山韵香、桐木关香等。

松烟香：松脂烟香。

果香：类似某种干鲜果香，如核桃香、苹果香等。

桂圆干香：似干桂圆的香。

麦芽香：干燥得当，带有麦芽糖香。

焦糖香：烘干充足或火功高，致使香气带有饴糖甜香。

浓郁：香气高扬丰富，芬芳持久。

馥郁：香气幽雅丰富，芬芳持久。

纯正：茶香纯净正常。

平正：茶香平淡，无异杂气。

香飘：香浮而不持久。

闷气：沉闷不爽。

青气：带有青叶气息，萎凋或发酵不足的茶。

异气：茶香不纯，有酸、馊、酶、焦或其他异杂气。

汤色评语

红艳：似琥珀色，鲜艳明亮，金圈厚而艳。

红亮：红而透明光亮。此术语也适用于叶底色泽。

红明：红而透明，亮度次于红亮。

深红：红较深。此术语也适用于压制茶汤色。

浅红：泛红，深度不足。

橙红：橙色偏红，新工艺红茶的汤色。

橙黄：橙色偏黄，新工艺红茶的汤色。

冷后浑：茶汤冷却后出现浅褐色或橙色乳状的浑浊现象，为优质红茶象征之一。

姜黄：红碎茶茶汤加牛奶后，呈姜黄明亮。

粉红：红碎茶茶汤加牛奶后，呈明亮玫瑰红色。

灰白：红碎茶茶汤加牛奶后，呈灰暗混浊的乳白色。

清澈：清净透明，无杂质。

明亮：清净，反光强。

浑浊：茶汤中有悬浮物，透明度差。

### 滋味评语

浓强：茶味浓厚，刺激性强。

浓涩：富有刺激性，但带涩味，鲜爽度较差。

浓厚：入口浓，收敛性较强，回味有黏稠感。

甜浓：味浓而带甜，富有刺激性。

冷后浑（左杯热茶汤清澈，右杯冷后浑）

甜醇：茶味尚浓带甜。

醇厚：入口爽适，回味有黏稠感。

醇和：茶味尚浓而平和。

甘醇：醇而回甘。

回甘：茶汤饮后，舌根和喉部有甜感和滋润感。

甘滑：顺滑回甘。

甘鲜：鲜活有回甘。

高山韵：高山茶所特有，滋味丰富饱满协调的综合体现。

淡薄：茶味淡。

青涩：涩而带有生青味。

叶底评语

鲜亮：色泽新鲜明亮。

柔软：细嫩绵软。

紫铜色：色泽明亮，呈紫铜色，为优良叶底的一种颜色。

红匀：红茶叶底匀称，色泽红明。

瘦小：芽叶单薄细小。

单薄：叶张瘦薄。

叶张粗大：大而偏老的单片、对夹叶。

摊张：摊开的粗老叶片。

猪肝色：偏暗的红色，多见于发酵较重的中档条形红茶。

乌暗：似成熟的栗子壳色，不明亮。

乌条：乌暗而不开展。

花青：青绿色叶张或青绿色斑块，红里夹青。

# 后记

接到本书的编著任务时，我既感到荣幸，又感到忐忑。荣幸的是，我有机会揭开世界红茶鼻祖正山小种的神秘面纱，将其风姿茗韵展现给读者；忐忑的是，怕自己水平有限，无法完美地呈现出正山小种深厚的文化内涵。

本书主要从正山小种的来龙去脉、生长环境、制作工艺、冲泡技艺、品饮鉴赏功夫等方面进行阐述，便于读者全方位、多角度地认识正山小种，感受其多维魅力。

本书的完成得到了很多人的真诚帮助和支持。感谢福建省农业科学院茶叶研究所原副所长郑廼辉老师的信任与鼓励；感谢我的助手吴启凡不辞辛劳地帮我收集资料、拍摄图片，书中很多图片都由吴启凡提供；感谢正山堂红茶博物馆提供了诸多资料；感谢邹新球老师的用心指导，本书多处引用邹老师主编的《武夷正山小种红茶》中的观点。邹老师用 5 年时间编写《武夷正山小种红茶》，多次去福建省图书馆查阅资料，前后增删修正达 23 稿。这种精神深深地感动我，也成了鞭策我前进的动力。此外，福建省茶叶质量检测与技术推广中心的陈百文工程师、中国茶叶流通协会李佳禾主任及我的同事侯大为、郑慕蓉、卢莉、陈婉玲、翁睿等在本书写作过程中给予我不少支持，我的学生傅娟、林施凤、陈荣平、颜廷宇、林婉如、池善燕等也为我提供了资料。在此一并表示感谢。

由于正山小种相关资料有限，以及时间所限，同时受作者水平制约，本书在许多方面还不完善，缺点在所难免，敬请读者批评指正。

王 芳